供电企业专业技能培训教材

信息网络
运维与故障处理

国网武汉供电公司　组编

中国电力出版社
CHINA ELECTRIC POWER PRESS

内 容 提 要

本书主要介绍信息网络运维与故障处理的基本概念、基本原理、基本技术和基本方法。全书共分为 9 章，包括计算机网络基本原理、交换机运维基础、VLAN 技术与配置、生成树技术、DHCP 协议、路由技术、访问控制列表与 NAT、局域网安全与运维以及常见网络故障排除。

本书强调理论与实践相结合，注重实用性和可操作性，采用实验式和图文并茂的方式进行讲解，通俗易懂。书中提供了大量的实验和实际操作指南，可以帮助读者更好地理解和掌握信息网络运维与故障处理的相关知识和技能。

本书适合电力行业从事信息网络开发、维护与管理人员阅读。

图书在版编目（CIP）数据

信息网络运维与故障处理/国网武汉供电公司组编. —北京：中国电力出版社，2024.1
供电企业专业技能培训教材
ISBN 978-7-5198-8334-8

Ⅰ. ①信… Ⅱ. ①国… Ⅲ. ①供电－工业企业－信息网络－运行－技术培训－教材②供电－工业企业－信息网络－维修－技术培训－教材 Ⅳ. ①TM72

中国国家版本馆 CIP 数据核字（2023）第 225446 号

出版发行：中国电力出版社
地　　　址：北京市东城区北京站西街 19 号（邮政编码 100005）
网　　　址：http://www.cepp.sgcc.com.cn
责任编辑：马淑范（010-63412397）
责任校对：黄　蓓　常燕昆
装帧设计：赵丽媛
责任印制：杨晓东

印　　刷：三河市航远印刷有限公司
版　　次：2024 年 1 月第一版
印　　次：2024 年 1 月北京第一次印刷
开　　本：710 毫米×1000 毫米　16 开本
印　　张：14.25
字　　数：257 千字
定　　价：68.00 元

版 权 专 有　侵 权 必 究

《供电企业专业技能培训教材》

丛书编委会

主　任　夏怀民　汤定超

委　员　田　超　笪晓峰　沈永琰　刘文超　朱　伟

　　　　李东升　李会新　曾海燕

本书编写组

主　编　曾海燕

副主编　邢　骏　彭　钢　张　荻

主　审　宋甜甜　曾　超　刘　华

参编人员　饶　庆　肖思昌　张海宽　袁　立　王丹君

　　　　　顾显俊　丰金浩　程　岚　张　磊　夏偲佳

　　　　　郭竞知　潘玥利　孙　承　杨静波　简　屹

　　　　　万　谦　覃思航　刘　冲　杨　凯　李　磊

　　　　　邓　娜

前 言

"国势之强由于人，人材之成出于学"。党的二十大报告中提出，坚持为党育人、为国育才，全面提高人才自主培养质量，着力造就拔尖创新人才，聚天下英才而用之。为新时代做好人才工作指明了方向。培养人才是教育培训的核心职能，要坚持把高质量发展作为教育培训的生命线。在全面提高人才自主培养质量的过程中，立足实际、锐意创新，才能推动教育培训工作的基础性、全局性、先导性作用。

"为学之实，固在践履"。国网武汉供电公司以推进"两个转化、一个融入"为目标，即以"人才势能转化为发展动能、将规模优势转化为高质量发展胜势，融入地方经济社会发展大局"为目标，深入推进"3+1+1"人才体系建设，聚焦职员、工匠、主任工程师、"一长三员"等关键人群，开展履职考核评价。强化全员素质能力提升，分层分类组织干部政治"三力"、青马班、班组长轮训，取得显著成效。然而在双碳、电网转型的背景下，传统的电力技能，无法满足职工对新技能、新工艺的迫切需求。公司主动适应改革发展的新要求、新业态、新模式，组织公司系统内技术技能专家，挖掘近年来在工作中积累的先进经验，结合新理论、新技术、新方法、新设备要求，整理汇编系列培训教材，提高人才自主培养质量，加快建设具有武汉特色、一流水平的高质量"大培训"人才体系。

本套专业教材适用于培训教学、员工自学、技术推广等领域。2023 年首批出版四本，分别是《网络安全漏洞验证及处置》《地区电网调控技术与管理》《重要用户配电设备运维及管理》《信息网络运维与故障处理》，在各专业领域，以各岗位能力规范为指导，以国家、行业及公司发布的法律法规、规章制度、规程规范、技术标准等为依据，以模块化教材为特点，语言简练、通俗易懂，专业术语完整准确。

在出版过程中，参与编写和审定的专家们以高度的责任感和严谨的作风，几易其稿，多次修订才最终定稿。在本套教材即将出版之际，谨向所有参与和支持本书籍出版的专家表示衷心的感谢！

目录

前言

第一章　计算机网络基本原理 ……………………………………………… 001

第一节　网络参考模型与数据传输原理 ……………………………………… 001

一、OSI 参考模型 ……………………………………………………………… 001

二、TCP/IP 参考模型 ………………………………………………………… 003

三、数据传输原理 ……………………………………………………………… 004

第二节　IP 协议原理 …………………………………………………………… 007

一、IP 地址 …………………………………………………………………… 007

二、IP 子网划分 ……………………………………………………………… 010

三、IP 相关协议（ARP/ICMP）……………………………………………… 012

第三节　网络设备认知 ………………………………………………………… 015

一、交换机与路由器介绍 ……………………………………………………… 015

二、交换机与路由器的连接与管理 …………………………………………… 018

三、HCL 模拟器的安装与使用 ……………………………………………… 021

四、HCL 基本操作实验 ……………………………………………………… 029

第二章　交换机运维基础 ……………………………………………………… 033

第一节　H3C 命令行基本操作 ……………………………………………… 033

一、H3C 命令行视图 ………………………………………………………… 033

二、H3C 常用查询命令 ……………………………………………………… 035

三、H3C 常用操作命令 ……………………………………………………… 038

四、H3C 命令行帮助 ………………………………………………………… 040

第二节　交换机基本操作 ……………………………………………………… 042

一、交换机工作原理 ·· 042

二、交换机设备巡检操作实验 ·· 043

第三章　VLAN 技术与配置 ·· 049

一、VLAN 基本原理 ·· 049

二、交换机端口类型（Access 与 Trunk） ···························· 050

三、VLAN 相关命令 ·· 051

四、VLAN 配置实验 ·· 053

第四章　生成树技术 ·· 060

第一节　STP 协议 ·· 060

一、二层环路带来的问题 ·· 060

二、STP 工作原理 ·· 061

第二节　RSTP 技术 ·· 063

一、RSTP 带来的改进 ·· 063

二、RSTP 相关命令 ·· 063

三、RSTP 配置实验 ·· 065

第三节　MSTP 技术 ·· 069

一、MSTP 技术原理 ·· 069

二、MSTP 相关命令 ·· 070

三、MSTP 配置实验 ·· 072

第五章　DHCP 协议 ·· 076

第一节　DHCP 技术原理 ·· 076

一、DHCP 协议介绍 ·· 076

二、DHCP 相关命令 ·· 078

三、DHCP 配置实验 ·· 080

第二节　DHCP 中继技术 ·· 084

一、DHCP 中继技术原理 ·· 084

二、DHCP 中继相关命令 ·· 085

三、DHCP 中继配置实验 ·· 085

第三节　DHCP Snooping 技术 ·································· 090

　　一、DHCP Snooping 技术原理 ····················· 090

　　二、DHCP Snooping 相关命令 ····················· 091

　　三、DHCP Snooping 配置实验 ····················· 092

第六章　路由技术 ····································· 098

　第一节　IP 路由基本原理 ···························· 098

　　一、路由基本原理 ······························· 098

　　二、路由表介绍 ································· 099

　　三、路由表的来源 ······························· 100

　　四、路由优选规则 ······························· 101

　第二节　VLAN 间路由 ······························ 102

　　一、VLAN 间路由的必要性 ····················· 102

　　二、单臂路由技术原理 ························· 103

　　三、单臂路由配置实验 ························· 104

　　四、三层交换技术原理（VLAN-Interface） ········ 107

　　五、三层交换实验 ······························· 108

　第三节　静态路由 ································· 111

　　一、静态路由配置方法 ························· 111

　　二、静态路由配置实验 ························· 113

　第四节　OSPF 协议 ································· 118

　　一、OSPF 协议基本原理 ························· 118

　　二、OSPF 相关命令 ··························· 122

　　三、OSPF 基本配置实验 ························· 125

　　四、路由聚合与路由过滤 ······················· 134

　　五、OSPF 高级配置实验 ························· 137

　第五节　BGP 协议 ································· 144

　　一、BGP 协议基本原理 ························· 144

　　二、BGP 相关命令 ··························· 145

　　三、BGP 基本配置实验 ························· 147

第七章　访问控制列表与 NAT 153

第一节　ACL 技术 153
一、ACL 技术原理 153
二、ACL 的类型（基本 ACL 与高级 ACL） 155
三、ACL 相关命令 156
四、ACL 访问控制实验 158

第二节　NAT 技术 165
一、NAT 技术介绍 165
二、NAT 的类型（NAPT、Easy IP、NAT Server） 166
三、NAT 相关命令 168
四、NAT 配置实验 169

第八章　局域网安全与维护 173

第一节　局域网安全综述 173
一、局域网管理面临的问题 173
二、局域网安全面临的问题 174

第二节　访问控制 174
一、Telnet 与 SSH 174
二、Console 登录验证 176
三、密码安全策略 176

第三节　局域网安全与维护配置实验 178

第九章　常见网络故障排除 183

第一节　网络故障排除方法 183
一、网络故障排除思路 183
二、网络故障排除常用方法 184

第二节　网络故障排除综合实验 185
一、网络故障排除综合实验一 185
二、网络故障排除综合实验二 196
三、网络故障排除综合实验三 207

第一章 计算机网络基本原理

第一节 网络参考模型与数据传输原理

一、OSI 参考模型

在 20 世纪六七十年代，通信技术处于高速发展的时期。在这一时期中，各大计算机公司都推出了各自的网络通信系统，这些系统使用的通信技术都是各自的私有协议。比如 IBM 公司的 SNA，DEC 公司的 DNA，UNIVAC 推出的 DCA。这些网络所使用的技术互相独立，互不兼容。这个问题不仅极大限制了用户购买计算机的选择自主性，也使得计算机网络技术在一种彼此封闭的环境下发展缓慢。为了解决这个问题，国际标准化组织（ISO）在 1979 年制定了开放式系统互联参考模型，也就是我们所说的 OSI 参考模型。它很快就成了计算机网络通信的基础模型。从此以后，就意味着所有公司设计和生成的网络产品都必须遵守 OSI 参考模型。OSI 参考模型也被认为是历史上第一个统一了整个计算机网络行业的标准。

OSI 参考模型将整个网络设计为七个层次，每一层都有不同的职责和功能。为了更方便地理解 OSI 参考模型，我们可以把这七层理解为计算机网络的七个功能模块，或者是网络数据传输的七个步骤。计算机之间的每一次数据传输，都需要被这七个功能模块进行七个步骤的处理。这样设计的优点在于降低了网络产品开发的复杂度，也更便于网络故障的定位和排除。在 OSI 的参考模型中，每个厂商都可以专注于某一个层次或某一模块，独立开发自己的产品，比如交换机只用关心二层转发，而路由器只用关心三层转发。另外，每一层出现故障的现象都不一样，所以能够更容易地根据故障现象来判断故障发生的原因。

如图 1-1 所示，OSI 参考模型的七层按照从下到上的顺序依次为物理层、数据链路层、网络层、传输层、会话层、表示层、应用层。以下简单介绍每一层的功能。

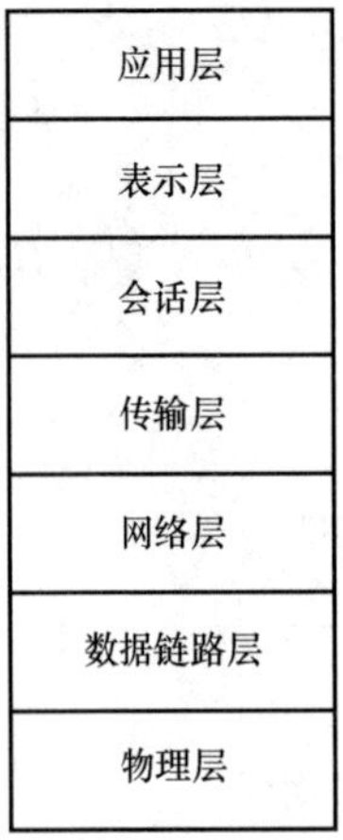

应用层
表示层
会话层
传输层
网络层
数据链路层
物理层

图 1-1　OSI 参考模型

（一）物理层

物理层规定了通信设备的机械、电气、功能和过程的特性，用于建立、维持和释放数据链路间的物理实体连接。比如，什么物理信号代表数字 0，什么物理信号代表数字 1；设备之间的物理线路连接距离、线路接头类型、针脚数等。也就是说，一切和物理特性相关的参数，都需要靠物理层来协商一致。

（二）数据链路层

数据链路层的主要任务是提供对物理层的控制，检测并纠正可能出现的错误，并且进行流量控制。目前只需要关注数据链路层的重点功能，就是 MAC 寻址。世界上每一台网络设备在生产时，就会设置好一个全球唯一的 MAC 地址（又称物理地址），而数据链路层需要为数据报文标记其要去往目的地 MAC 地址，然后基于这个目的 MAC 地址来对数据报文进行转发。

（三）网络层

网络层把上层传来的数据组织成分组在通信子网的节点间交换传送。简单的理解，网络层需要对数据报文进行 IP 寻址。与数据链路层类似，网络层也是对数据报文标记其要去往目的地的 IP 地址，然后基于这个目的 IP 地址来对数据报文进行转发。

这里的问题是，既然已经有 MAC 寻址了，为什么还需要进行 IP 寻址？因为每台设备的 MAC 地址都是全球唯一的，在浩如烟海的互联网上，如果只靠一次寻址就要找到目的地，这无疑是一项非常巨大的工程，几乎不可完成。两次寻址首先通过 IP 寻址找到目的地所在的范围，到了这个范围后，再通过 MAC 寻址来找到精确的目的地。这样一来就使得寻址的速度和效率大幅提升。所以我们可以理解为 IP 寻址是确认目的地在哪个范围（网段），到了这个网段后，再通过 MAC 地址确认目的地具体是哪一台主机。

（四）传输层

传输层主要有三大功能。一是对数据进行分段，把一条完整的数据拆分成若干份数据碎片来分别传输。这样处理的目的是为了使数据传输效率更高；二是传输层还负责建立端到端通信。传输层会给数据报文标识端口号，通过端口号来判断该数据报文需要交由哪个应用程序来处理；三是传输层还负责对数据传输的可靠性进行维护。在传输层，数据需要在 TCP 协议或 UDP 协议中二选一。如果选择了 TCP，代表这次传输是可靠的传输，传输层会通过多种手段来保证数据一定可以正确地传输到目的地。

（五）会话层

会话层的功能是负责建立、管理和终止应用程序间的会话，也可以简单理解为计算机上某一个应用程序可能同时需要与多个网络用户进行对接。比如，可以通过 QQ 同时与多名好友聊天，那么会话层就要负责与不同好友建立不同会话，以区分不同好友之间的聊天内容。

（六）表示层

表示层负责把来自应用层与计算机有关的数据格式处理成与计算机无关的格式，以保证对端设备能够准确无误地理解发送端数据。同时，表示层也负责数据加密。

（七）应用层

应用层是 OSI 参考模型中直接与用户交互的一层，负责为应用程序提供网络服务。这里的网络服务包括文件传输、文件管理和电子邮件消息处理等。比如，在 QQ 上输入了一段话，然后点击发送，这句话就会首先进入应用层处理；同时，当 QQ 收到一条消息，也会最终被应用层处理后展现在聊天窗口中。

由于物理层主要是通信工程的研究课题，而会话层、表示层和应用层主要是软件开发所研究的课题，所以，网络工程只专注与数据链路层、网络层和传输层的功能。

二、TCP/IP 参考模型

虽然 OSI 参考模型第一次形成了网络通信的统一标准，但实际上 OSI 只是定义了网络传输过程的理论模型，而并没有明确的规范每一层的功能到底由什么协议来实现。所以在实际场景中，每个厂商仍然只是在 OSI 参考模型的规范下，每一层使用自己的私有协议。为了进一步解决这个问题，TCP/IP 参考模型登场了。

TCP/IP 参考模型与 OSI 参考模型的基本设计思路一致，也是把计算机网络传输分为了若干个层次，不同层次负责实现不同的功能，只不过层次的数量和名称发生了变化。

TCP/IP 参考模型总共分为四个层次，从第一层到第四层依次是网络接口层、网络层、传输层、应用层。而实际上，这四层只是在 OSI 参考模型之上做了一些合并操作，具体的层次对应关系如图 1-2 所示，TCP/IP 参考模型把 OSI 参考模型中的物理层和数据链路层合并为网络接口层，把 OSI 中的会话层、表示层和应用层合并为应用层。需要注意的是，TCP/IP 参考模型中各层的功能与 OSI 参考模型中的功能仍然一致。

虽然 TCP/IP 定义了四层的网络模型，但是各计算机公司在设计产品时，实际上却是按照五层模型来设计的，如图 1-3 所示。这五层分别是物理层、数据链路层、网络层、传输层、应用层。与四层模型的区别就是物理层和数据链路层仍然为单独的两层，其他层次不变，各层次的功能也仍然不变。

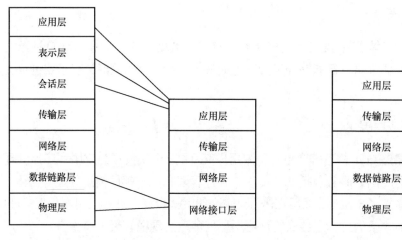

图 1-2　参考模型对比　　　　　　　图 1-3　TCP/IP 参考模型

三、数据传输原理

在讲解数据传输的具体实现原理之前，需要先搞清楚两个概念，就是数据封装与数据解封装。在 TCP/IP 五层模型中，当一台计算机向另外一台计算机传递数据时，需要从上至下每一层都对这条数据信息进行处理。处理方式是把数据分为一个个独立的单元，然后在每个数据单元的头部或尾部加入一些额外的信息，使每个原始的数据单元形成新的格式，如图 1-4 所示。这个处理过程就称之为数据封装。比如，数据在网络层，就会在封装的网络层头部中标明目的 IP 地址和源 IP 地址，分别描述该数据是从哪个 IP 地址来，到哪个 IP 地址去。这样就能让后续的网络设备知道往哪里转发该数据。

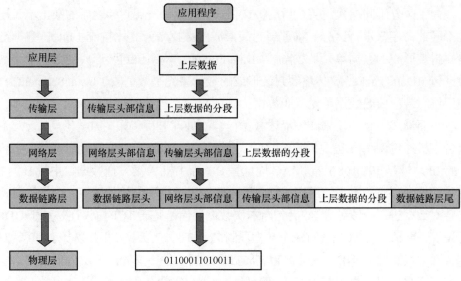

图 1-4 数据封装

数据解封装是数据封装的反向操作。当数据信息被一台计算机接收时，需要从下至上每一层也对数据信息进行处理。这个处理操作是如果判断这条数据信息的接收者就是本机，就会把这一层封装的头部或尾部信息拆除掉，使其还原为原始的数据单元格式，如图 1-5 所示。这个操作就称为数据的解封装。

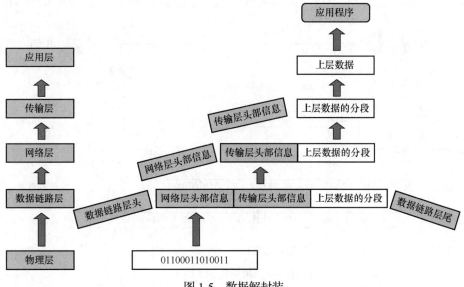

图 1-5 数据解封装

　　为了区分不同层次封装之后的报文格式，就把每一层封装之后的数据单元通过不同的命名来进行区分。物理层封装形成的数据单元是比特流（bit），数据链路层封装形成的数据单元是数据帧（Data Frame），网络层封装形成的数据单元是数据包（Data Packet），传输层封装形成的数据单元是数据段（Data Segment），应用层封装形成的数据单元就叫数据（Data）。

　　下面通过一个例子来详细描述数据传输的处理过程。如图 1-6 所示，A、B 两台主机通过网络直连，主机 A 的 IP 地址是 192.168.1.1，MAC 地址是 A；主机 B 的 IP 地址是 192.168.1.2，MAC 地址是 B。当主机 A 要发送数据给主机 B 时，首先数据会完整的进入应用层，应用层处理完毕后往下交给传输层。在传输层首先会对数据进行分段处理，然后判断本次数据通信是基于 TCP 协议还是基于 UDP 协议。如果是基于 TCP 就对每个数据段封装上 TCP 头部，如果是基于 UDP 就对每个数据段封装上 UDP 头部。封装成数据段后，往下交给网络层处理。网络层会在每个数据段前再封装上 IP 头部，形成数据包（图中只展示了第一个数据段）。真正的 IP 头部其实有很多字段内容，这里只关注其中两个最重要的字段，源 IP 地址和目的 IP 地址。由于是主机 A 发往主机 B 的数据，因此，源 IP 地址自然是 192.168.1.1，而目的 IP 地址则是 192.168.1.2。封装完成的数据包继续向下交给数据链路层。数据链路层为数据包封装上 MAC 头部和 MAC 尾部，使之形成数据帧。MAC 头部和尾部同样有多个字段内容，这里只关注其中的目的 MAC 地址和源 MAC 地址。该数据帧的目的 MAC 地址就是 B，而源 MAC 地址就是 A。最后再把封装好的数据帧交给物理层，形成比特流，通过线缆传递到主机 B。

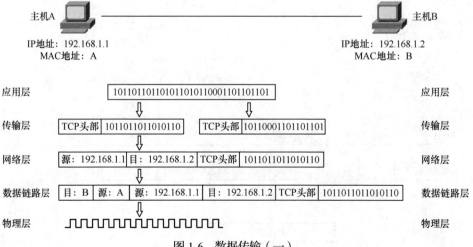

图 1-6　数据传输（一）

如图 1-7 所示，主机 B 首先会在物理层感知到线缆上传递的比特流。然后把接收到的比特流交给上层数据链路层。数据链路层检查数据帧的目的 MAC 地址是否是本机，如果不是，会丢弃数据帧；如果是本机，则拆除掉 MAC 头部，往上交给网络层处理。网络层同样也会检查目的 IP 是否是本机，如果不是，会丢弃数据包；如果是本机，则拆除掉 IP 头部，继续往上交给传输层处理。传输层会根据 TCP 头部或 UDP 头部的信息拆除掉头部后再进行数据重组，最终还原成原始的连续数据，交给应用层。到此为止，数据就成功的从主机 A 传递到了主机 B。

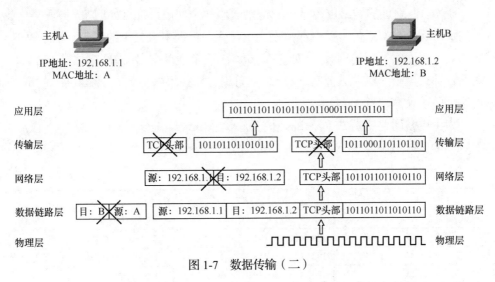

图 1-7　数据传输（二）

第二节　IP 协 议 原 理

一、IP 地址

在前面章节中，已经提到了 IP 寻址是负责寻找目标主机在哪个网段，而 MAC 寻址则是负责在目标网段中寻找目标主机。MAC 地址一般是设备在生产时就固定的物理地址，而 IP 地址是逻辑地址，需要为每台主机分配，并且随着主机所处的网络环境不同，可能还需要更换 IP 地址。接下来简单认识一下 IP 地址。

IP 地址的书写格式一般是点分十进制格式。以地址 10.1.1.1 为例，通过 3 个"点"把地址分为 4 段，每一段都是一个十进制数字，所以称之为点分十进制。但是要知道，计算机只识别二进制的。所以，如果把 IP 地址换算为二进制，每一段允许的最大长度为 8 个二进制位。也就是说每一段最大的二进制数字是 11111111，换算为十进制就是 255。而一个 IP 地址总共有 4 段，所以总长度是 32 位。

每个 IP 地址由两个部分组成，分别为"网络位"和"主机位"。网络位标识该地址所属的网段，而主机位标识该地址具体是网段中的第几号。以地址 192.168.1.35 为例，其中 192.168.1 是网络位，而 35 是主机位，因此可以认为该地址属于 192.168.1 这个网段，是该网段中的第 35 号。任何两个网络位相同的地址属于同一个网段。

既然 IP 地址的网络位用于标识地址属于哪个网段，那么如何来判断一个地址的那一部分是网络位，哪一部分是主机位呢？根据主机数量的多少，就需要创建和划分出不同规模的网段。比如 192.168.1.1 这个地址中，如果网络位是 192.168 的话，那么这个网段总共拥有 2^{16} 个地址可用，而如果网络位是 192.168.1 的话，则这个网段只有 2^8 个地址可用。

为了更方便地识别 IP 网段的规模，通常把 IP 地址进行了分类。总共分为 A、B、C、D、E 共五类地址，如表 1-1 所示。

表 1-1　IP 地　址　分　类

类别	地址	网段
A	1.×.×.×-126.×.×.×	前 8 为网络位
B	128.×.×.×-191.×.×.×	前 16 位为网络位
C	192.×.×.×-223.×.×.×	前 24 位为网络位
D	224.×.×.×-239.×.×.×	组播地址
E	240.×.×.×-255.×.×.×	科研用地址

（一）A 类地址

第一段在 1 到 126 之间的地址属于 A 类地址。比如 3.4.5.6，113.25.128.9 都属于 A 类地址。A 类地址的网络位是前 8 位。也就是说两个 A 类地址只要第一段一致，则可以认为属于同一个网段。比如 110.1.2.3 和 110.6.7.8，属于同一个 A 类网段。

（二）B 类地址

第一段在 128 到 191 之间的地址属于 B 类地址。比如 129.1.1.1，190.22.45.71 都属于 B 类地址。B 类地址的网络位是前 16 位。也就是说两个 B 类地址只要前两段一致，则可以认为属于同一个网段。比如 139.1.14.5 和 129.1.28.19，属于同一个 B 类网段。

（三）C 类地址

第一段在 192 到 223 之间的地址属于 C 类地址。比如 192.13.26.1，213.127.54.29 都属于 C 类地址。C 类地址的网络位是前 24 位。也就是说两个 C 类地址只要前三段一致，则可以认为属于同一个网段。比如 192.168.1.2 和 192.168.1.25，属于同一个 C 类网段。

（四）D 类地址

第一段在 224 到 239 之间的地址属于 D 类地址。D 类地址是组播地址，用于标识一个组播组，不可配置给主机。

（五）E 类地址

第一段在 240 到 255 之间的地址属于 E 类地址。E 类地址是科研用地址，不对公开放，同样不能配置给主机。

综上所述，实际能使用的 IP 地址只有 A、B、C 三类地址。这三类地址中，A 类地址的规模最大，C 类地址规模最小。在为网络规划 IP 地址时，可以根据网络规模的大小来选择使用哪一类地址。

当前使用的 IP 主流版本为 IPv4，在 IPv4 地址中，有一部分地址属于特殊地址，有特殊的用途，如表 1-2 所示。

表 1-2 特殊 IP 地址

地址	举例	作用
127.×.×.×	127.0.0.1/127.3.66.79	本地环回地址
主机位全 0 地址	100.0.0.0/172.1.0.0/192.3.4.0	本网段网络地址
主机位全 1 地址	100.255.255.255/172.1.255.255/192.3.4.255	本网段广播地址
255.255.255.255	255.255.255.255	全网广播地址
0.0.0.0	0.0.0.0	任意地址

127.×.×.× 属于本地环回地址。所有目的地址为 127.×.×.× 的数据包都将进入本地环回口，不会从网络发出。也就是说访问 127.×.×.× 就是访问本机自己。该地址一般用于检测本地 TCP/IP 协议是否正常工作。

主机位全 0 的地址是本网段的网络地址，它标识的不是一台主机的地址，而是整个网段。比如 192.3.4.0，作为 C 类地址，主机位是最后一段全是 0，因此，这个地址无法配置给主机使用，因为它代表的是整个 192.3.4.× 网段。

主机位全 1 的地址是本网段广播地址，同样不允许配置给主机使用。这里的 1 是二进制的 1，比如 192.168.1.1 并不是本网段的广播地址，192.168.1.255 才是。以本网段广播地址为目的 IP 的数据包，本网段的所有主机都将接收。

255.255.255.255 是全网广播地址。以 255.255.255.255 为目的 IP 的数据包，接收者是所有网段的所有主机。

0.0.0.0 是任意地址。在配置路由或 ACL 时，用来通配所有的 IP 地址。

二、IP 子网划分

前面提到，IP 地址通过 A、B、C 分类来区分不同的网络规模。在这种方法中，规模最小的网段是 C 类网段。一个 C 类网段中，除去网络地址和本网段广播地址不能使用外，还有 254 个可用地址。如果有一个网络，主机数量非常少，只有不足 10 台，那么，分配给这个网络一个 C 类网段会有大量地址被浪费。而目前的互联网中，IPv4 地址是十分稀缺的资源，不可能允许这样浪费。所以，需要寻找一种方法，能够把 IP 地址的网络规模划分的更小，能够满足主机数量更少的网络的需求。在这个背景下诞生了子网掩码的概念。

子网掩码是用于取代 IP 地址分类的一种划分网络位长度的方法。子网掩码与 IP 地址一样，点分十进制的书写格式，32 位长度，但是必须是由连续的二进制 0 或 1 组成。比如 11111111.11111111.00000000.00000000，换算成十进制就是 255.255.255.0；或者 11111111.11111111.11000000.00000000，换算成十进制就是 255.255.192.0。不能允许 11111111.00110101.00001111.11001100 这种 1 和 0 不连续的掩码。

子网掩码中，1 对应的 IP 地址部分，就是该地址的网络位，0 对应的 IP 地址部分，就是该地址的主机位。比如 IP 地址为 100.3.4.5，子网掩码为 255.255.255.0。从地址分类角度看，该地址属于 A 类地址，网络地址为 100.0.0.0。但由于配置了子网掩码为 255.255.255.0，所以该地址不再具有 A、B、C 分类的概念，网络地址就是 100.3.4.0。必须是以 100.3.4 开始的 IP 地址才属于该网段。

可以发现，引入了子网掩码的概念后，IP 网段的划分就更加灵活了，可以通过配置不同的子网掩码来人为地控制一个网段规模的大小，和一个网段中所拥有的 IP 地址数量。当子网掩码是 255.0.0.0、255.255.0.0 和 255.255.255.0 时，对应的 IP 网段其实就是 A 类、B 类和 C 类网段，可以很容易地判断 IP 地址网络位的长度。但如果子网掩码是 255.255.255.128、255.255.255.224 呢？就需要通过一些计算才能得到每个网段的具体大小了。接下来将通过一个例子来说明子网划分的计算方法。

以 192.168.1.0 网段，子网掩码 255.255.255.192 为例。如果把子网掩码换算为二进制，可以写作 11111111.11111111.11111111.11000000。这时就发现子网掩码由 26 个 1 和 6 个 0 组成，为了方便书写，也可以把该网段写作 192.168.1.0/26。/26 代表该网段的子网掩码长度为 26 位，也就是 26 个 1，代表该网段的前 26 位都是网络位。因为该网段本身是一个 C 类网段，子网掩码长度为 24 位。所以需要计算出把 192.168.1.0/24 这个 C 类网段的子网掩码变长到 26 位后，一共把原网段划分成了多少个子网，还有每个子网有多少个地址可用。另外还需列出每个子网的网络地址、可用地址范围以及广播地址。下面把计算过程分为两个步骤：

（一）位数计算

（1）借位数：借位数是指当前的子网掩码在原子网掩码的基础之上变长了多少位。在本例中，原 C 类网段的子网掩码长度是 24 位，现在是 26 位，所以借了 2 位。

（2）剩余位数：剩余位数是指当前的子网掩码还剩多少位是 0。在本例中，子网掩码总长度是 32 位，现在有 26 位，所以还剩下 6 位。

（3）借位段剩余位数：借位段剩余位数是指在当前借位的那一段还剩多少位是 0。在本例中，是在第四段借位，第四段总共 8 位，借了 2 位，所以还剩 6 位。

（二）详细计算

划分出的子网数量 $= 2^{借位数}$。在本例中，借位数是 2，所以划分出的子网数量是 4。也就是说，把子网掩码从 24 变长为 26 会将 192.168.1.0/24 网段划分成 4 个子网。

每个子网可用地址数量 $= 2^{剩余位数} - 2$。在本例中，剩余位数是 6，所以划分出的 4 个子网，每个子网都有 62 个可用地址。这里减去 2 的原因是因为每个网段中的网络地址和广播地址不可用。

每两个子网的间隔位数 $= 2^{借位段剩余位数}$。在本例中，借位段剩余位数是 6，所以每两个子网的间隔位数是 64。

列出每个子网的网络地址、可用地址范围以及广播地址。一个是 4 子网，第一个子网的网络地址自然是 192.168.1.0/26。第二个子网的网络地址是在第一个子网的网络地址上，借位段加上子网间隔位数。因为是在第四段借位，所以第二个子网的网络地址就是 192.168.1.64/26。以此类推，第三个子网的网络地址是 192.168.1.128/26，第四个子网的网络地址是 192.168.1.192/26。

得出 4 个子网的网络地址后，每个子网的范围就容易计算了。第二个子网的网络地址是 192.168.1.64，这个地址减 1 一定就是上一个子网的广播地址。所以第一个子网的广播地址就是 192.168.1.63。而第一个子网的网络地址是 192.168.1.0，所以第一个子网的可用地址范围就是 192.168.1.1-192.168.1.62，总共正好 62 个地址，与前面计算的结果相符。按照这个计算方法，最终结果如表 1-3 所示。

表 1-3　子 网 划 分 举 例

网络地址	可用地址范围	广播地址
192.168.1.0/26	192.168.1.1-192.168.1.62	192.168.1.63
192.168.1.64/26	192.168.1.65-192.168.1.126	192.168.1.127
192.168.1.128/26	192.168.1.129-192.168.1.190	192.168.1.191
192.168.1.192/26	192.168.1.193-192.168.1.254	192.168.1.255

从上述可以发现，把 192.168.1.0/24 这个 C 类网段的子网掩码变长到 26 位后，总共划分出 4 个子网，每个子网的可用地址都是 62 个，并且正好把一个 C 类网段的地址耗尽。原本只能提供给一个网段使用的地址范围，现在就可以提供给四个网段使用了，起到了节省 IP 地址的作用。

在实际场景中，为了更规范地规划 IP 地址，我们一般会为两台路由器之间背靠背直连的网段（该网段中只有两台路由器，没有第三台设备）分配子网掩码为 30 位的地址。根据上述计算方法，可以得知 30 位子网掩码下，每个网段只有两个地址可用，不会浪费任何一个地址。而在某些情况下，还需要给路由器创建一个虚拟的 Loopback 口（环回口），给该接口配置一个 32 位子网掩码的 IP 地址来实现某些特殊功能。32 位掩码的网段中，每个地址都是一个独立的网段。

三、IP 相关协议（ARP/ICMP）

IP 协议是一个用于实现数据网络层互通的协议。在 IP 的基础上，还有一些相关协议来保障 IP 的正常运行。其中有两个非常重要的协议，分别是 ICMP 和 ARP。

ICMP 协议全称互联网控制消息协议，基于 IP 协议运行。该协议定义了错误报告和其他送给发送者的关于 IP 数据包处理情况的消息，可以用于报告 IP 数据包传递过程中发生的错误和失败等信息，帮助进行网络故障诊断。

ICMP 协议最常见的应用就是 PING 功能。主机可以通过 PING 来测试本机到目的 IP 的连通性。如图 1-8 所示，A 主机想要检测与 B 主机之间网络是否可达，就可以向主机 B 发起 PING 请求。该请求是一个 ICMP Echo Request 消息，目的地址是主机 B 的 IP 地址。如果网络正常，B 主机收到消息后，会给 A 回应一个 ICMP Echo Reply 消息，告诉 A 主机，你的消息我收到了。A 主机收到消息后，就知道了它和主机 B 是网络可达的。

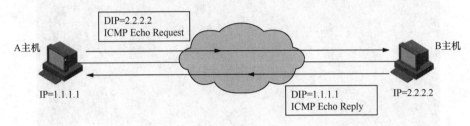

图 1-8　ARP 示例

PING 功能可以通过命令来完成。如图 1-9 所示，在计算机的命令行中，输入命令 ping 114.114.114.114，如果网络正常，可以看到目的主机的应答消息。目的主机在应答消息中告知计算机与目的主机之间的网络传输延时为 25~28ms，证明计算机和目的主机之间的网络是可达的。如果计算机目的主机网络不通时，如图 1-10 所示，就会显示请求超时等错误信息。

```
Git CMD                                              —  □  ×

C:\Users\Kira>ping 114.114.114.114

正在 Ping 114.114.114.114 具有 32 字节的数据:
来自 114.114.114.114 的回复: 字节=32 时间=25ms TTL=85
来自 114.114.114.114 的回复: 字节=32 时间=27ms TTL=86
来自 114.114.114.114 的回复: 字节=32 时间=27ms TTL=60
来自 114.114.114.114 的回复: 字节=32 时间=28ms TTL=59

114.114.114.114 的 Ping 统计信息:
    数据包: 已发送 = 4，已接收 = 4，丢失 = 0 (0% 丢失)，
往返行程的估计时间(以毫秒为单位):
    最短 = 25ms，最长 = 28ms，平均 = 26ms

C:\Users\Kira>
```

图 1-9　PING 示例（一）

ARP 是 IP 网络中另外一个至关重要的协议。在前面讲解数据传输过程时，已经提到了数据在网络层封装了 IP 头部后，会交给数据链路层封装 MAC 头部。但是这里有个问题，当发送数据时，往往是已经提前知道了目的 IP 地址的。比如 PING 目的主机，会在命令里明确地告诉计算机，这个数据的目的 IP 地址就是

需要的 PING 这个地址。但是，目的主机的 MAC 地址计算机是并不知道的。那计算机如何完成数据链路层的封装呢？这里就要依靠 ARP 协议了。

Git CMD
C:\Users\Kira>ping 123.123.123.123
正在 Ping 123.123.123.123 具有 32 字节的数据:
请求超时。
请求超时。
请求超时。
请求超时。
123.123.123.123 的 Ping 统计信息:
数据包: 已发送 = 4，已接收 = 0，丢失 = 4 (100% 丢失)，
C:\Users\Kira>

图 1-10　PING 示例（二）

每台三层以上的网络设备上都会存在一张 ARP 表。表中记录着其他主机的 IP 地址与 MAC 地址的对应关系。

当数据在网络层完成封装后，将要封装 MAC 头部之前，本地主机会检查本机的 ARP 表，查看 ARP 表中是否有关于目的 IP 地址对应的 MAC 地址记录。假设这条数据是本地主机向目的主机发送的第一条数据，那么本地的 ARP 表中是不会存在目的主机的 ARP 记录的。于是本地主机会以广播的方式发送 ARP 请求，询问目的 IP 的 MAC 地址是多少，如图 1-11 所示。

IP=1.1.1.3
MAC=?
主机A
IP：1.1.1.1
MAC：1-1-1
主机B
IP：1.1.1.2
MAC：2-2-2
主机C
IP：1.1.1.3
MAC：3-3-3

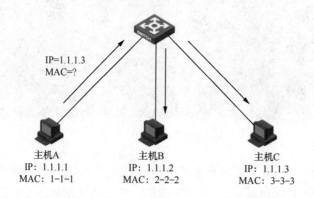

图 1-11　ARP 示例（一）

由于是广播发送，因此该 ARP 请求会被同广播域中的所有主机接收。非目的主机收到后，发现询问的主机并不是本机，就不会响应这个请求。但目的主机收到后，发现询问的正是本机，就会把本机的 MAC 地址以单播的方式通告给对方，如图 1-12 所示。

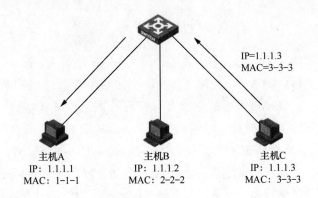

IP=1.1.1.3
MAC=3-3-3

主机A
IP: 1.1.1.1
MAC: 1-1-1

主机B
IP: 1.1.1.2
MAC: 2-2-2

主机C
IP: 1.1.1.3
MAC: 3-3-3

图 1-12 ARP 示例（二）

收到 ARP 响应后，本地主机知道了目的 IP 的 MAC 地址，就能够完成 MAC 封装了，并且把询问到的目的 IP 和 MAC 地址对应关系记录在 ARP 表中，以便后续去往目的主机的数据查询。

总结可以发现，在 IP 网络中，ARP 协议完成了网络层地址到数据链路层地址的关联，如果没有 ARP 协议，主机无法获知目的 MAC 地址，无法完成数据链路层封装，也就无法实现通信了。

第三节 网络设备认知

一、交换机与路由器介绍

组成计算机网络最重要的设备就是交换机与路由器。本节内容将系统介绍交换机与路由器的功能，以及如何实现数据传输与转发。

（一）交换机

交换机是工作在数据链路层，基于 MAC 地址来对数据报文进行转发的网络设备。如图 1-13 所示，交换机上有大量的 RJ-45 以太网接口，通过把多台终端 PC 接入到以太网接口实现 PC 之间的连通。

图 1-13　交换机

在交换机的内存中，记录着一张表，称为 MAC 地址表。表中详细记录了每一个接口连接的设备的 MAC 地址是多少。比如 G1/0/1 口连接的 PC 的 MAC 地址是 1-1-1，那么，MAC 地址表中就会有一条记录描述 MAC 地址 1-1-1 对应的交换机接口是 G1/0/1。交换机收到数据帧后，会检查帧的目的 MAC 地址查询 MAC 地址表，然后按照 MAC 地址表中对应的接口把数据帧发出。

不难看出，交换机设计的目的就是为了把大量 PC 等终端设备进行连接，让彼此可以通信的网络设备。但是仅靠交换机能实现所有终端的互连吗？答案明显是否定的。在默认情况下，交换机的所有接口属于同一个广播域。也就是说，交换机从任何一个接口收到一条广播数据，会把该数据从其他所有接口都发一份出去（前文提到的 ARP 查询请求就是利用这个特点来确保该请求一定能够被目的主机收到）。如果大量主机都通过交换机互连，就会导致广播域过大，一条广播会被复制更多份扩散到更大的范围，导致网络负担过重。严重的甚至会导致网络崩溃。所以在设计网络的时候，会把网络划分为不同的广播域。那么如何来隔离不同的广播域呢？这就要依靠路由器了。

（二）路由器

路由器是工作在网络层，基于 IP 地址来对数据报文进行转发的网络设备。如图 1-14 所示，路由器上也有若干的 RJ-45 以太网接口。但是与交换机不同的是，路由器的每一个接口都属于不同广播域。也就是说路由器从一个接口收到的广播数据，绝对不会从其他接口转发。

图 1-14　路由器

　　路由器的作用是为了把由不同交换机连接终端组成的广播域进行进一步互连，如图 1-15 所示。要组建一个网络，首先会用交换机把同一个房间的 PC 进行互连，让这个房间的 PC 组成一个广播域。在该广播域内，PC 和 PC 之间的 IP 地址规划在同一个网段，彼此之间在数据链路层实现互通。而整个网络可能不止一个房间，其他的房间也会通过交换机把各自的 PC 组成一个广播域，规划到一个 IP 网段。那么，如何实现不同的房间也能通信呢？就是使用路由器把不同房间的交换机连接起来，让不同房间的 PC 在网络层实现互通。

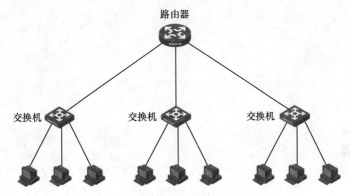

图 1-15　交换机与路由器组网

　　其实从理论上来讲，不用路由器，直接在交换机和交换机之间连线，也能够使所有 PC 互通。但是这样就会使得广播域太大。所以使用路由器的目的是能够让不同房间的 PC 隔离在各自不同的广播域，不至于使网络中充斥大量广播而导致网络拥塞。

　　但是这样又会出现一个问题。因为 ARP 查询请求是广播发送的，所以如果不同广播域的 PC 要互访时，是无法通过 ARP 查询到目的主机的 MAC 地址的。因此在涉及不同广播域的主机互访时，就引入了网关的概念。

　　如图 1-16 所示，在规划 IP 地址时，就会对不同广播域的主机分配不同网段的地址。在每个网段中把路由器的 IP 地址设置为 PC 的网关地址。值得注意的是，交换机是二层设备，不需要配置 IP 地址，而路由器是三层设备，每个接口都要配置不同网段的 IP 地址。

　　所以当 10.1.1.0/24 网段的 PC 要访问 20.1.1.0/24 网段的主机时，PC 会发出 ARP 请求查询网关的 MAC 地址，也就是路由器的 MAC 地址。查询到后，封装 MAC 头部把数据帧发往交换机，由交换机查询 MAC 地址表，二层转发至网关路由器。再由路由器把数据包从 10.1.1.0/24 网段转发至 20.1.1.0/24 网段的交换机，最后由交换机查询 MAC 地址表，二层转发至目的 PC。在这个例子中，充分说明了交换机是二层转发设备，用于把数据转发至目的主机，而路由器是三层转发设备，用于把数据从一个网段转发至另一个网段。同时也说明了 IP 寻址是寻找目的主机所在网段，而 MAC 寻址是寻找目的主机是哪一台。

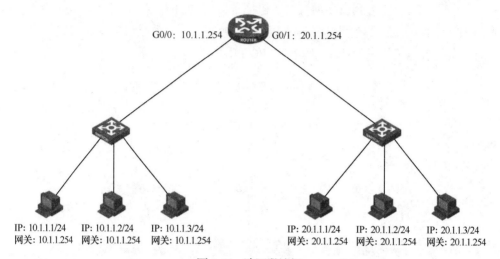

图 1-16　跨网段访问

二、交换机与路由器的连接与管理

H3C 的网络设备可以通过基于命令行或者基于图形化的 Web 控制台进行管理和操作。虽然图形化的方式更容易学习和上手，但是在进行大量配置工作时，命令行方式的操作效率要更高。所以在实际工作中，绝大部分场合中都是使用命令行去管理和操作设备的。

使用命令行来管理和操作交换机和路由器，首先就需要把计算机和设备进行连接。目前主流的连接方式有两种，分别是通过 Console 口连接进行本地配置和通过 Telnet 或 SSH 协议进行远程配置。下面就这两种方式进行说明。

（一）通过 Console 口本地连接

在交换机和路由器的接口面板上，会配有一个接口，接口上标识有"Console"字样，如图 1-17 所示。该接口外观与普通 RJ-45 以太网接口一样，但不能用于传输业务数据，只能用于连接计算机进行设备配置和调试。

使用一条 Console 数据线，如图 1-18 所示，将 RJ-45 的接口插入交换机或路由器的 Console 口，USB 接口连接计算机，就能够打开命令行界面来配置和调试设备了。

图 1-17　Console 口

图 1-18　Console 数据线

　　配置和调试设备还需要使用到虚拟终端软件。Secure-CRT，Xshell，Putty 都是常用的仿真终端软件。一般推荐使用 Secure-CRT。打开 Secure-CRT 软件后，单击左上角闪电形状的按钮，如图 1-19 所示。然后，在弹出的快速连接对话框中，选择 Protocol 选项为 Serial，Port 选项根据在设备管理器中查看到的端口选择，设置 Baud rate 为 9600，其他参数保持默认就可以，如图 1-20 所示。设置好后，单击 Connect 按钮就能成功显示出设备的命令行操作界面。

（二）使用 Telnet 或 SSH 远程连接

　　使用 Console 线连接设备一般适用于新设备上架后的初始配置。而当设备已经安装固定后，再使用该方法连接分散在各个位置的设备就非常麻烦了。而这时我们需要的是一种在网络中任何位置都能够远程连接到设备来进行操作和配置的方法。这个方法就是通过 Telnet 或 SSH 协议来实现。

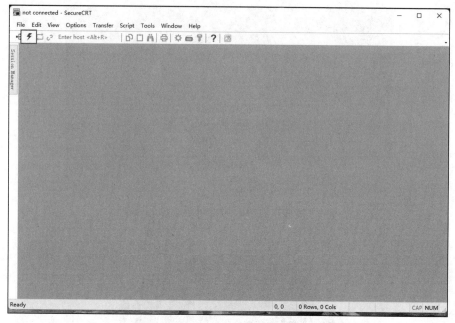

图 1-19　Secure-CRT 示例（一）

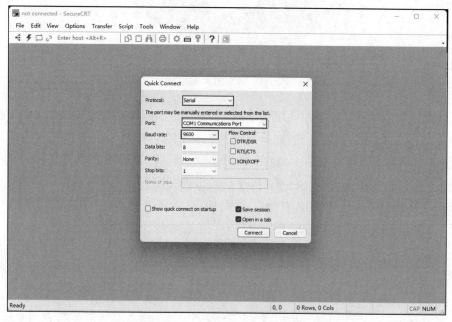

图 1-20　Secure-CRT 示例（二）

Telnet 是基于 TCP 的用于主机或终端之间远程连接并进行数据交互的协议。能够使用户的本地计算机能够与远程计算机连接，从而允许用户登录到远程主机系统进行操作。简单地说，Telnet 协议可以实现让一台主机通过网络远程连接到另一台主机，对该主机进行操作和配置，是一种远程管理的服务。而 Telnet 协议几乎没有任何安全机制，通信很容易被窃听、仿冒或篡改。所以在对安全有要求的场景中，一般会使用 SSH 来代替 Telnet。

三、HCL 模拟器的安装与使用

HCL（H3C Cloud Lab）是 H3C 官方推出的模拟器，能够在 Windows 平台的计算机上模拟出 H3C 交换机、路由器、防火墙以及 PC 等设备功能。并且可以自行搭建拓扑来进行各种复杂网络环境的模拟。

HCL 的安装程序可以在 H3C 官方网站免费下载，目前 HCL 最新版本是 V5.8.0。下载 URL 为：https://www.h3c.com/cn/Service/Document_Software/Software_Download/Other_Product/H3C_Cloud_Lab/Catalog/HCL/。需要注意的是，下载该工具需要在 H3C 官方网站注册账户并登录才拥有下载权限。

HCL 的最新版本只能安装在 Windows7/Windows10/Windows/11 上。为保证 HCL 流畅运行，内存不低于 8GB，剩余硬盘空间不低于 80GB，推荐使用 Windows10。

1. 安装步骤

演示安装环境：操作系统-windows 10　内存 16G。安装步骤如下：

（1）解压下载下来的压缩包，双击 HCL_v5.8.0-Setup.exe 程序，打开安装界面，选择语言为简体中文，并单击 OK 进入到下一步，如图 1-21 所示。

图 1-21　HCL 安装步骤（一）

（2）在安装向导界面单击下一步，如图 1-22 所示。再在许可协议界面选择接受许可证协议，单击下一步，如图 1-23 所示。

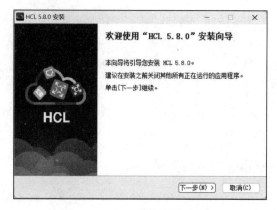

图 1-22　HCL 安装步骤（二）

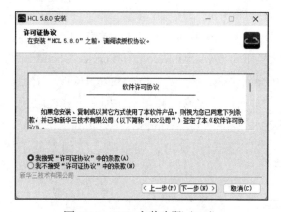

图 1-23　HCL 安装步骤（三）

（3）选择 HCL 的安装位置（注意路径中不要包含中文），单击下一步，如图 1-24 所示。再勾选所有安装组件，单击安装，进入安装阶段，如图 1-25 所示。

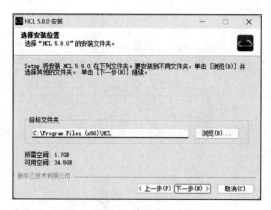

图 1-24　HCL 安装步骤（四）

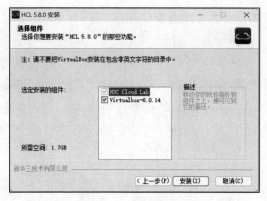

图 1-25　HCL 安装步骤（五）

（4）开始安装后，会自动弹出 VirtualBox 的安装界面。这个安装过程我们全部单击下一步就可以了。安装 VirtualBox 的过程中，会弹出安装驱动的系统警告，勾选"始终信任来自'Oracle Corporation'选项"，单击安装即可，如图 1-26 所示。

图 1-26　HCL 安装步骤（六）

（5）等待片刻后，就会显示安装成功的界面，如图 1-27 所示。

图 1-27　HCL 安装步骤（七）

安装成功后，HCL 就可以正常使用了。打开 HCL 后，会见到如图 1-28 所示的操作界面。界面一共分为五个区域。顶端左侧是一排设备操作按钮。比如显示设备接口、显示网格背景、设备开机、设备关机等。顶端右侧是软件的帮助区域。左侧是设备选择区域，在这里可以选择路由器、交换机等虚拟设备进行操作。中间主干区域是拓扑绘制区域，把左侧的设备选中，然后就可以放置在拓扑绘制区，并进行线缆连接。右边分别是抓包接口列表和拓扑汇总信息。

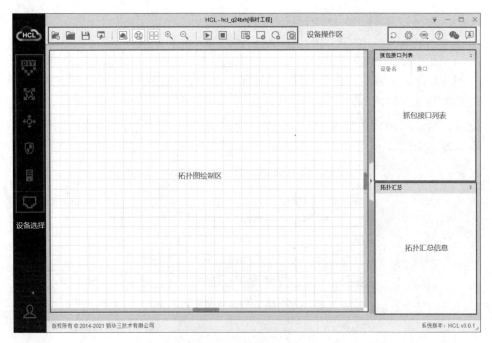

图 1-28　HCL 界面展示

2. 实验步骤

当我们要搭建网络环境进行实验时，可以按照如下步骤操作：

（1）在左侧设备选择区选择设备放置在拓扑绘制区。这里将演示分别放置一台路由器、交换机和 PC。如图 1-29 所示，单击路由器按钮，选择型号 MSR36-20，然后放置到拓扑绘制区域。放置完成后，如图 1-30 所示。

（2）如图 1-31 所示，单击交换机按钮，选择型号 S5820V2-54QS-GE，然后放置到拓扑绘制区域。放置完成后，如图 1-32 所示。

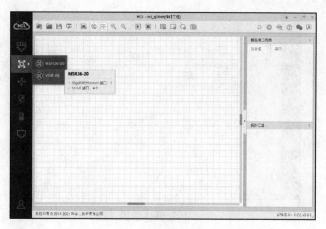

图 1-29　HCL 操作步骤（一）

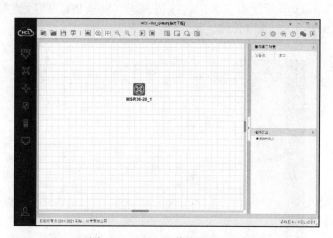

图 1-30　HCL 操作步骤（二）

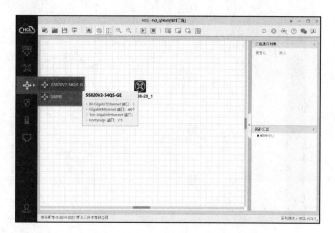

图 1-31　HCL 操作步骤（三）

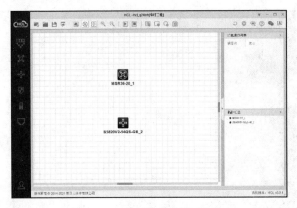

图 1-32 HCL 操作步骤（四）

（3）如图 1-33 所示，单击客户端按钮，选择型号 PC，然后放置到拓扑绘制区域。放置完成后，如图 1-34 所示。

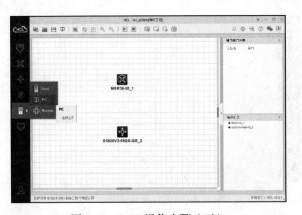

图 1-33 HCL 操作步骤（五）

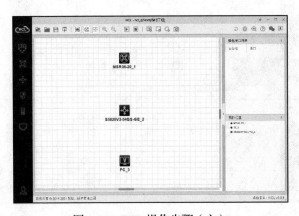

图 1-34 HCL 操作步骤（六）

（4）如图 1-35 所示，单击线缆，选择 GigabitEthernet。然后在拓扑绘制区，通过鼠标单击连接 2 台设备即可完成设备间连线，如图 1-36 所示。

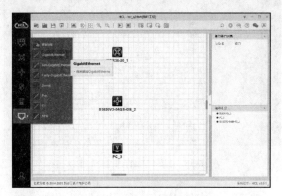

图 1-35　HCL 操作步骤（七）

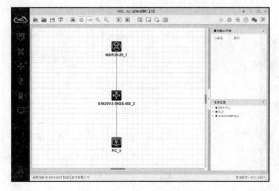

图 1-36　HCL 操作步骤（八）

（5）如图 1-37 所示，单击按钮显示接口名称。如图 1-38 所示，单击开机按钮，开启所有设备。

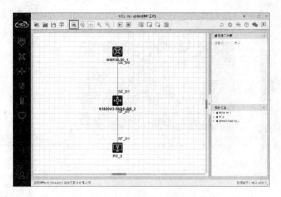

图 1-37　HCL 操作步骤（九）

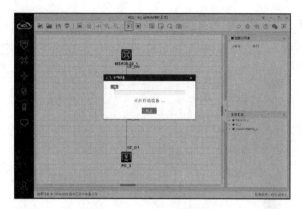

图 1-38　HCL 操作步骤（十）

（6）如图 1-39 所示，右键单击某一台设备，再单击启动命令行终端，就能打开该设备的命令行操作界面，如图 1-40 所示。

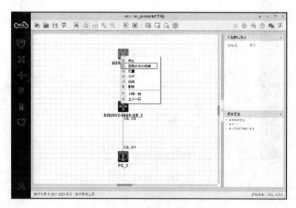

图 1-39　HCL 操作步骤（十一）

图 1-40　HCL 操作步骤（十二）

（7）如果要为 PC 配置 IP 地址，如图 1-41 所示，需要右键单击 PC，再单击配置。就会弹出 PC 的 IP 地址配置界面，如图 1-42 所示。

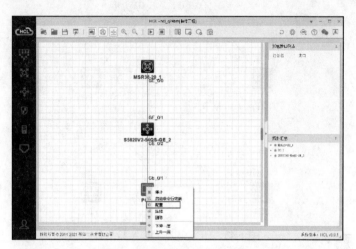

图 1-41　HCL 操作步骤（十三）

图 1-42　HCL 操作步骤（十四）

四、HCL 基本操作实验

（一）实验拓扑

HCL 基本操作实验拓扑如图 1-43 所示。

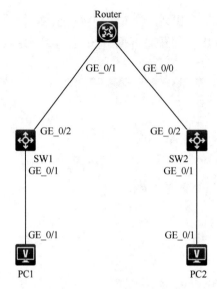

图 1-43　HCL 基本操作实验拓扑

（二）实验需求

（1）使用 HCL 搭建实验拓扑。

（2）按照表 1-4 为 PC1、PC2、Router 配置 IP 地址和网关地址。

（3）在两台 PC 上分别 PING 对方，测试是否可以 PING 通。

表 1-4　HCL 基本操作实验环境表

设备	接口	IP 地址	网关地址
Router	GE_0/0	192.168.2.254/24	—
	GE_0/1	192.168.1.254/24	—
PC1	—	192.168.1.1/24	192.168.1.254
PC2	—	192.168.2.1/24	192.168.2.254

（三）实验步骤

（1）为 PC1 配置 IP 地址和网关，如图 1-44 所示。

（2）为 PC2 配置 IP 地址和网关，如图 1-45 所示。

（3）双击路由器，进入命令行界面后，键入 CTRL+D，退出自动配置模式。

```
Automatic configuration is running, press CTRL_C or CTRL_D to break.
Automatic configuration is running, press CTRL_C or CTRL_D to break.
Automatic configuration is running, press CTRL_C or CTRL_D to break.
Automatic configuration is running, press CTRL_C or CTRL_D to break.
```

```
Automatic configuration is running, press CTRL_C or CTRL_D to break.
Automatic configuration is aborted.
Line con0 is available.


Press ENTER to get started.
<H3C>%May 18 18:42:35:623 2023 H3C SHELL/5/SHELL_LOGIN: Console
logged in from con0.

<H3C>
```

图 1-44 PC1 配置 IP 地址

图 1-45 PC2 配置 IP 地址

（4）输入命令 system-view，进入系统视图。<H3C>system-view

```
<H3C>system-view
System View: return to User View with Ctrl+Z.
[H3C]
```

（5）输入命令 sysname Router，更改设备名称为 Router。

```
[H3C]sysname Router
[Router]
```

（6）输入命令 interface g0/0，进入路由器 G0/0 口接口视图，再使用命令 ip address 192.168.2.254 24，为接口配置 IP 地址。

```
[Router]interface g0/0
[Router-GigabitEthernet0/0]ip address 192.168.2.254 24
```

（7）输入命令 interface g0/1，进入路由器 G0/1 口接口视图，再使用命令 ip address 192.168.1.254 24，为接口配置 IP 地址。

```
[Router]interface g0/1
[Router-GigabitEthernet0/1]ip address 192.168.1.254 24
```

（8）双击点开 PC1，输入命令 Ping 192.168.2.1，测试结果可以 PING 通。

```
<H3C>ping 192.168.2.1
Ping 192.168.2.1 (192.168.2.1): 56 data bytes, press CTRL_C to break
56 bytes from 192.168.2.1: icmp_seq=0 ttl=254 time=1-584 ms
56 bytes from 192.168.2.1: icmp_seq=1 ttl=254 time=1-502 ms
56 bytes from 192.168.2.1: icmp_seq=2 ttl=254 time=1-575 ms
56 bytes from 192.168.2.1: icmp_seq=3 ttl=254 time=1-272 ms
56 bytes from 192.168.2.1: icmp_seq=4 ttl=254 time=1-065 ms
```

第二章 交换机运维基础

第一节 H3C 命令行基本操作

一、H3C 命令行视图

在第一章节的实验中，已经了解到 H3C 设备的配置主要是依靠命令行界面输入命令来实现的。H3C 网络设备的操作系统名为 Comware，目前主流版本是 Comware V7。接下来将对 Comware V7 版本命令行的基本操作进行说明。

首先，需要了解的是 H3C 命令行界面有 3 种最常用的视图模式。当位于不同视图模式时，能够配置的功能和命令生效的对象各有不同。

（一）用户视图

用户视图如图 2-1 所示，当刚刚打开设备的命令行界面，光标所在的命令提示符显示<H3C>。H3C 是当前设备的名称，<>代表当前正处于用户视图。在用户视图下，只能进行设备配置和运行状态的查看，无法对设备进行配置的修改。

图 2-1　用户视图

（二）系统视图

系统视图如图 2-2 所示，光标所在的命令提示符是[H3C]。H3C 仍然表示设备名称。[ ]代表当前处于系统视图。在该视图下，除了可以查看设备的配置和运行状态以外，还可以对设备的配置进行修改。比如更改设备名称，开启或关闭设备的某项功能。

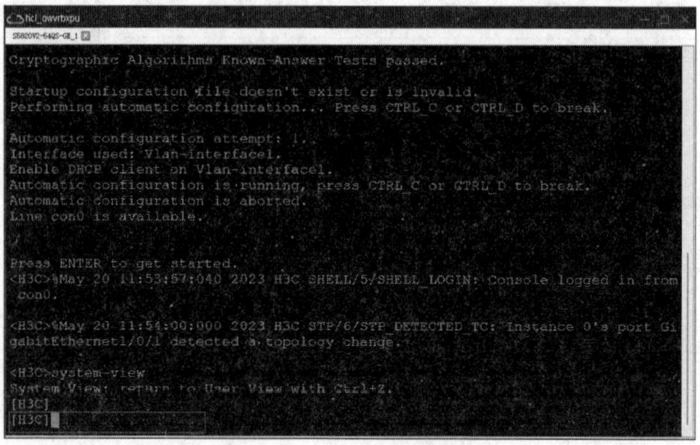

图 2-2　系统视图

（三）接口视图

如图 2-3 所示，命令提示符为[H3C-GigabitEthernet1/0/1]，表示当前正处于 G1/0/1 接口的接口视图。在某接口的接口视图下，可以对该接口单独进行配置修改，输入的命令也只对该接口生效。比如要把 G1/0/1 口加入 VLAN 10，就可以在 G1/0/1 口的接口视图下通过命令来操作。

图 2-3　接口视图

下面将讲解如何通过命令来实现不同视图间的切换。

- **system-view**

功能：该命令用于从用户视图进入到系统视图。

解释：该命令只能在用户视图使用。

举例：从用户视图进入到系统视图。

```
<H3C>system-view
[H3C]
```

- **interface** interface-type { interface-number }

功能：该命令用于从系统视图进入到某接口的接口视图。

解释：interface-type 指接口类型，如千兆以太口就是 GigabitEthernet，串口就是 Serial；interface-number 指接口编号，如 0/0，0/1，1/0/1，具体编号视设备而定。

举例：进入到设备的 GigabitEthernet 0/0 口。

```
[H3C]interface GigabitEthernet 0/0
[H3C-GigabitEthernet0/0]
```

- **quit**

功能：该命令用于从当前视图返回到上层视图。

解释：只能退出到上层视图，无法跨层返回。

举例：从设备的接口视图返回到系统视图。

```
[H3C-GigabitEthernet0/0]quit
[H3C]
```

- **return**

功能：该命令用于从当前视图直接返回到用户视图。

解释：无论当前在什么视图，都会直接返回到用户视图。

举例：从设备的接口视图返回到用户视图。

```
[H3C-GigabitEthernet 0/0]return
<H3C>
```

二、H3C 常用查询命令

在进行网络管理和维护时，经常需要了解设备的配置和运行状态。H3C 命令行提供命令来帮助了解设备的各项运行参数和配置信息。

- **display current-configuration**

功能：该命令用于查看设备当前正在生效的所有配置信息。

解释：该命令可以在用户视图或系统视图使用。

举例：查看设备当前正在生效的所有配置信息。

```
[H3C]display current-configuration
#
 version 7.1-064, Release 0821P11
#
 sysname runtime
#
 system-working-mode standard
 xbar load-single
 password-recovery enable
......
return
```

- **display version**

功能：该命令用于查看设备硬件和软件版本信息。

解释：该命令可以在用户视图或系统视图使用。

举例：查看设备当前设备硬件和软件版本信息。

```
[H3C]display version
H3C Comware Software, Version 7.1-075, Alpha 7571
Copyright (c) 2004-2017 New H3C Technologies Co., Ltd. All rights
reserved.
H3C S5820V2-54QS-GE uptime is 0 weeks, 0 days, 0 hours, 24 minutes
Last reboot reason: User reboot
Boot image: flash:/s5820v2_5830v2-cmw710-boot-a7514-bin
Boot image version: 7.1-075, Alpha 7571
  Compiled Sep 20 2017 16:00:00
Boot image: flash:/s5820v2_5830v2-cmw710-system-a7514-bin
Boot image version: 7.1-075, Alpha 7571
  Compiled Sep 20 2017 16:00:00

Slot 1:
S5820V2-54QS-GE with 2 Processors
BOARD TYPE: S5820V2-54QS-GE
DRAM:  384M bytes
FLASH: 1024M bytes
PCB 1 Version: VER.C
Bootrom Version: 908
CPLD 1 Version: 002
CPLD 2 Version: 002
```

```
Release Version: H3C S5820V2-54QS-GE
Patch Version: None
Reboot Cause: User reboot
[SubSlot 0] 48SFP Plus+4QSFP Plus42
```

- **display interface** [interface-type interface-number] [brief]

功能：该命令用于查看设备接口的状态信息。

解释：该命令可以在用户视图或系统视图使用。interface-type 为接口类型，interface-number 为接口编号；brief 为只查看接口摘要信息。

举例 1：查看设备 GigabitEthernet 0/0 口的状态信息。Current state 代表接口物理状态，Link protocal state 代表接口逻辑状态。状态 UP 表示正常运行，DOWN 表示关闭。

```
[H3C]display interface gigabitethernet0/0
GigabitEthernet0/0
Current state: UP
Line protocol state: UP
Description: GigabitEthernet0/0 Interface
Bandwidth: 1000000 kbps
Maximum transmission unit: 1500
......
Output: 1000 output errors, 0 underruns, 0 buffer failures
        1000 aborts, 0 deferred, 0 collisions, 0 late collisions
        0 lost carrier, 0 no carrier
```

举例 2：查看设备所有接口的摘要信息。

```
[H3C]display interface brief
Brief information on interfaces in route mode:
Link: ADM - administratively down; Stby - standby
Protocol: (s) - spoofing
Interface          Link Protocol Primary IP      Description
GE0/0              DOWN DOWN     --
......
Ser3/0             DOWN DOWN     --
Ser4/0             DOWN DOWN     --
```

- **display ip interface** [interface-type interface-number] [brief]

功能：该命令用于查看设备三层接口的状态信息。

解释：该命令可以在用户视图或系统视图使用。

举例 1：查看设备三层接口 GigabitEthernet0/0 口的状态信息。

```
[H3C]display ip interface GigabitEthernet 0/0
GigabitEthernet0/0 current state: DOWN
Line protocol current state: DOWN
```

举例 2：查看设备所有三层接口的摘要信息。

```
[H3C]display interface brief
*down: administratively down
(s): spoofing  (l): loopback
Interface    Physical Protocol    IP address/Mask    VPN instance
Description
GE0/0           down     down        192.168.1.1/24    --    --
GE0/1           down     down        --                --    --
Ser1/0          down     down        --                --    --
```

- **display this**

功能：该命令用于查看设备当前视图正在生效的配置信息。

解释：该命令可以在任意视图使用。

举例：查看设备 G1/0/1 接口下有哪些配置正在生效。

```
[H3C-GigabitEthernet1/0/1]display this
#
interface GigabitEthernet1/0/1
 port link-mode bridge
 port link-type trunk
 port trunk permit vlan 1 10 20
 combo enable fiber
```

三、H3C 常用操作命令

在配置设备时，有一些基本的操作命令会经常用到。为了方便后续章节的实验练习，这里需要对常用操作命令提前进行熟悉。

- **sysname** sysname

功能：该命令用于配置和更改设备的名称。

解释：该命令在系统视图配置。设备默认名称为 H3C。

举例：更改设备名称为 R1。

```
[H3C]sysname R1
[R1]
```

- **ip address** ip-address {mask | mask-length}

功能：该命令用于为接口配置 IP 地址。

解释：该命令在三层接口的接口视图配置。ip-address 为 IP 地址，mask 为子网掩码，mask-length 为子网掩码长度。交换机的接口默认是二层接口，无法配置 IP 地址。

举例：为设备的 GigabitEthernet 0/0 接口配置 IP 地址为 192.168.1.1，子网掩码为 255.255.255.0。

```
[H3C-GigabitEthernet0/0]ip address 192.168.1.1 24
```

- **shutdown**

功能：该命令用于关闭设备某个接口。

解释：该命令在接口视图配置。被关闭的接口无法转发数据。

举例：关闭设备的 GigabitEthernet 0/0 口。

```
[H3C-GigabitEthernet0/0]shutdown
```

- **undo** command

功能：该命令用于取消某条命令的效果。

解释：command 为具体要取消的命令。

举例：取消对设备 GigabitEthernet 0/0 的关闭，也就是开启 GigabitEthernet 0/0 口。

```
[H3C-GigabitEthernet0/0]undo shutdown
```

- **save**

功能：该命令用于保存设备当前配置。

解释：在设备上更改的配置需要保存，否则设备重启后配置将还原到上一次保存的状态。输入命令后，系统会询问是否确认保存。输入 Y 确认保存，输入 N 取消保存。如之前已经保存过配置，系统还会询问是否覆盖上一次保存的配置。

举例：保存当前配置。

```
[H3C]save
The current configuration will be written to the device. Are you
sure? [Y/N]:y
Please input the file name(*.cfg)[flash:/startup.cfg]
(To leave the existing filename unchanged, press the enter key):
Validating file. Please wait...
Saved the current configuration to mainboard device successfully.
```

- **reset saved-configuration**

功能：该命令用于清除设备已保存的配置。

解释：清除已保存的配置后，设备重启后会恢复到空配状态，也就是默认出厂配置。输入命令后，系统会询问是否确认清除。输入 Y 确认清除，输入 N 取消清除。该命令只能在用户视图使用。

举例：清除设备已保存的配置。

```
<H3C>reset saved-configuration
The saved configuration file will be erased. Are you sure? [Y/N]:y
Configuration file in flash: is being cleared.
Please wait ...
MainBoard:
Configuration file is cleared.
```

- **reboot**

功能：该命令用于重启设备。

解释：输入命令后，系统会询问是否确认重启。输入 Y 确认重启，输入 N 取消重启。该命令只能在用户视图使用。

举例：重启设备。

```
<H3C>reboot
Start to check configuration with next startup configuration file,
please wait.........DONE!
This command will reboot the device. Continue? [Y/N]:y
Now rebooting, please wait...
```

四、H3C 命令行帮助

H3C 考虑到命令行操作的复杂性，在设计 Comware 命令行体系时，提供了一些方法来帮助我们更高效的来使用命令。

（1）键入？来获取当前视图下所有的命令及其简单描述。

举例 1：在用户视图下输入 di，在 di 后键入？，就能得到当前视图下所有 di 起始的命令

```
[H3C]di?
  diagnostic-logfile  Diagnostic log file configuration
  display             Display current system information
```

举例 2：在用户视图下输入 display ip interface，键入空格后，再键入？，就

能得到当前视图下 display ip interface 命令后可以连接的所有参数。如提示中出现
<cr>，代表当前命令无需再连接任何参数就已经可以结束了。

```
<H3C>display ip interface ?
 >                Redirect it to a file
 >>               Redirect it to a file in append mode
 GigabitEthernet  GigabitEthernet interface
 Serial           Serial interface
 brief            Brief summary of IP status and configuration
 |                Matching output
 <cr>
```

（2）键入命令的某个关键字的前几个字母，按下 Tab 键，如果已输入字母开
头的关键字唯一，则会自动补齐完整的关键字；如果不唯一，反复按下 Tab 键，
则可以循环显示所有已输入字母开头的关键字。

举例：在用户视图输入 sys，再按 Tab 键，由于当前视图下以 sys 开头的命令
只有一个，所以直接补齐命令关键字 system-view

```
<H3C>sys
<H3C>system-view
```

（3）命令的简写。Comware 的所有命令的关键词都可以只简写开头几个字母。
如果当前视图下以这几个字母开头的命令关键词唯一的话，系统就能成功识别为
完整的命令。

举例：在系统视图下输入 dis ip int b，由于命令中的 4 个关键词简写都唯一，
因此系统能成功识别完整的命令。

```
[H3C]dis ip int b
*down: administratively down
(s): spoofing  (l): loopback
Interface     Physical Protocol    IP address/Mask    VPN instance
Description
GE0/0         down     down        192.168.1.1/24     --        --
GE0/1         down     down        --                 --        --
Ser1/0        down     down        --                 --        --
```

为了使读者更完整地了解 H3C 命令行操作，本书后续的所有实验演示命令
都将是完整的命令。等到实验掌握熟练后，大家可以自行尝试通过简写命令来提
高操作效率。

第二节 交换机基本操作

一、交换机工作原理

在前面的章节中，我们提到了交换机是工作在数据链路层的设备，依靠对数据帧的目的 MAC 地址进行查表，按照 MAC 地址表中对应的接口进行转发。那么 MAC 地址表中的记录是从何而来呢？

交换机的 MAC 地址表是存储在交换机的 RAM 中。RAM 中的数据掉电就会丢失。所以当交换机刚刚开机时，MAC 地址表中肯定是空的，没有任何记录。

如图 2-4 所示，有 4 台主机通过交换机互连。假设交换机刚刚启动，MAC 地址表中没有任何记录。此时 A 主机要访问 C 主机，发出数据帧的目的 MAC 是 3-3-3，源 MAC 是 1-1-1。数据帧从 G1/0/1 口进入交换机。这时交换机就知道了 1-1-1 这个 MAC 地址连接在 G1/0/1 口上。于是往 MAC 地址表中写入一条记录，1-1-1 对应的接口为 G1/0/1。

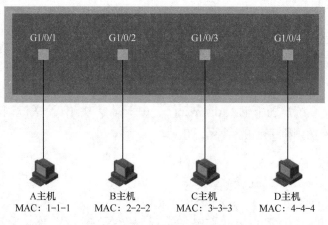

图 2-4 交换机工作原理

接着交换机检查数据帧的目的 MAC 地址，查询 MAC 地址表，发现表中并没有关于 3-3-3 的记录。于是交换机会把该数据帧进行广播泛洪处理，往所有其他接口发送该帧。主机 C 成功收到数据帧。

主机 C 回复信息给 A 时，发出数据帧目的 MAC 是 1-1-1，源 MAC 地址是 3-3-3。数据帧从 G1/0/3 口进入交换机。交换机学习到 3-3-3 连接在 G1/0/3 口上，于是往 MAC 地址表中写入记录，3-3-3 对应的接口为 G1/0/3。

交换机检查数据帧的目的 MAC 地址，查询 MAC 地址表得知 1-1-1 连接在 G1/0/1 口上，于是不用再进行广播泛洪处理，把数据帧从 G1/0/1 口发出，主机 A 收到该帧。

自此以后，主机 A 与主机 C 之间的数据传输都可以根据 MAC 地址表的记录来进行单播转发了。

从上述讲解中不难看出交换机的工作原理总结出如下三点：

（1）交换机学习数据帧中的源 MAC 地址，把源 MAC 地址和收到该帧接口的对应关系写入 MAC 地址表。

（2）交换机检查数据帧中的目的 MAC 地址，使用目的 MAC 地址查询本机 MAC 地址表，按照表中对应的接口转发数据帧。

（3）交换机对于目的 MAC 地址在本机 MAC 地址表中查询不到的数据帧，进行广播泛洪处理。广播泛洪指的是把数据帧从除入接口以外的其他所有接口都发送一份出去。

二、交换机设备巡检操作实验

（一）实验拓扑

交换机设备巡检操作实验拓扑如图 2-5 所示。

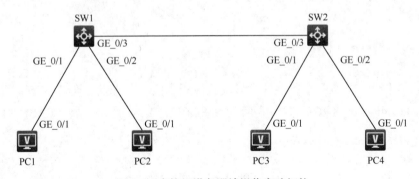

图 2-5　交换机设备巡检操作实验拓扑

（二）实验需求

（1）使用 HCL 搭建实验拓扑。

（2）按照表 2-1 为 PC1、PC2、PC3 和 PC4 配置 IP 地址。

（3）为两台交换机命名为 SW1 和 SW2。

（4）检查 SW1 的设备硬件型号及软件版本信息。

（5）检查 SW1 的 CPU 使用情况和内存使用情况。

（6）检查 SW1 和 SW2 两台交换机有连接线缆的接口是否正常工作。

（7）检查四台 PC 是否能与 PING 互通。

（8）检查 SW1 的 G1/0/1 口收发报文情况及是否有错误帧收发。

（9）检查 SW1 和 SW2 的 MAC 地址表。

（10）在 SW1 和 SW2 上保存配置，重启后检查配置是否成功保存。

表 2-1　交换机设备巡检操作实验环境表

设备	接口	IP 地址	网关地址
PC1	—	192.168.1.1/24	192.168.1.254
PC2	—	192.168.1.2/24	192.168.1.254
PC3	—	192.168.1.3/24	192.168.1.254
PC4	—	192.168.1.4/24	192.168.1.254

（三）实验步骤

（1）按照表 2-1 为 PC 配置 IP 地址，截图略。

（2）两台交换机修改设备名称为 SW1 和 SW2。

```
[H3C]sysname SW1
[SW1]

[H3C]sysname SW2
[SW2]
```

（3）检查 SW1 的设备硬件型号及软件版本信息。可以发现当前交换机软件版本为 Comware 7.1-075，硬件型号为 S5820V2，RAM 为 384M，FLASH 为 1G。

```
[SW1]display version
H3C Comware Software, Version 7.1-075, Alpha 7571
Copyright (c) 2004-2017 New H3C Technologies Co., Ltd. All rights
reserved.
H3C S5820V2-54QS-GE uptime is 0 weeks, 0 days, 0 hours, 29 minutes
Last reboot reason: User reboot
Boot image: flash:/s5820v2_5830v2-cmw710-boot-a7514-bin
Boot image version: 7.1-075, Alpha 7571
  Compiled Sep 20 2017 16:00:00
Boot image: flash:/s5820v2_5830v2-cmw710-system-a7514-bin
Boot image version: 7.1-075, Alpha 7571
```

```
  Compiled Sep 20 2017 16:00:00

Slot 1:
S5820V2-54QS-GE with 2 Processors
BOARD TYPE: S5820V2-54QS-GE
DRAM:  384M bytes
FLASH: 1024M bytes
PCB 1 Version: VER.C
Bootrom Version: 908
CPLD 1 Version: 002
CPLD 2 Version: 002
Release Version: H3C S5820V2-54QS-GE
Patch Version: None
Reboot Cause: User reboot
[SubSlot 0] 48SFP Plus+4QSFP Plus
```

（4）检查 SW1 的 CPU 和内存使用情况。可以发现 SW1 在过去的 5s 内、1min 及 5min 的 CPU 使用率情况。已使用内存和剩余内存也都可以显示。

```
[SW1]display cpu-usage        //查看设备 CPU 使用情况
Slot 1 CPU 0 CPU usage:
      5% in last 5 seconds
      6% in last 1 minute
      6% in last 5 minutes


[SW1]display memory           //查看设备内存使用情况
Memory statistics are measured in KB:
Slot 1:
          Total    Used    Free  Shared Buffers   Cached  FreeRatio
Mem:     382808  292928   89880       0       4   188944     23-5%
-/+ Buffers/Cache: 103980  278828
Swap:                  0       0       0
```

（5）检查 SW1 和 SW2 的接口状态，状态为 UP，端口正常工作。

```
[SW1]display interface brief
Brief information on interfaces in route mode:
Link: ADM - administratively down; Stby - standby
Protocol: (s) - spoofing
Interface        Link Protocol Primary IP      Description
InLoop0          UP   UP(s)    --
MGE0/0/0         DOWN DOWN      --
NULL0            UP   UP(s)    --
```

```
REG0                    UP    --        --


Brief information on interfaces in bridge mode:
Link: ADM - administratively down; Stby - standby
Speed: (a) - auto
Duplex: (a)/A - auto; H - half; F - full
Type: A - access; T - trunk; H - hybrid
Interface          Link Speed  Duplex Type PVID Description
FGE1/0/53          DOWN 40G      A      A    1
FGE1/0/54          DOWN 40G      A      A    1
GE1/0/1            UP   1G(a)   F(a)    A    1
GE1/0/2            UP   1G(a)   F(a)    A    1
GE1/0/3            UP   1G(a)   F(a)    A    1
```

[SW2]display interface brief
```
Brief information on interfaces in route mode:
Link: ADM - administratively down; Stby - standby
Protocol: (s) - spoofing
Interface          Link Protocol Primary IP     Description
InLoop0            UP   UP(s)    --
MGE0/0/0           DOWN DOWN     --
NULL0              UP   UP(s)    --
REG0               UP   --       --


Brief information on interfaces in bridge mode:
Link: ADM - administratively down; Stby - standby
Speed: (a) - auto
Duplex: (a)/A - auto; H - half; F - full
Type: A - access; T - trunk; H - hybrid
Interface          Link Speed  Duplex Type PVID Description
FGE1/0/53          DOWN 40G      A      A    1
FGE1/0/54          DOWN 40G      A      A    1
GE1/0/1            UP   1G(a)   F(a)    A    1
GE1/0/2            UP   1G(a)   F(a)    A    1
GE1/0/3            UP   1G(a)   F(a)    A    1
```

（6）在 PC1 上 PING 另外三台 PC，可以 PING 通。

<H3C>ping 192.168.1.2
```
Ping 192.168.1.2 (192.168.1.2): 56 data bytes, press CTRL_C to break
56 bytes from 192.168.1.2: icmp_seq=0 ttl=255 time=0.323 ms
56 bytes from 192.168.1.2: icmp_seq=1 ttl=255 time=0.724 ms
56 bytes from 192.168.1.2: icmp_seq=2 ttl=255 time=0.468 ms
```

```
56 bytes from 192.168.1.2: icmp_seq=3 ttl=255 time=0.640 ms
56 bytes from 192.168.1.2: icmp_seq=4 ttl=255 time=0.586 ms

<H3C>ping 192.168.1.3
Ping 192.168.1.2 (192.168.1.2): 56 data bytes, press CTRL_C to break
56 bytes from 192.168.1.2: icmp_seq=0 ttl=255 time=0.323 ms
56 bytes from 192.168.1.2: icmp_seq=1 ttl=255 time=0.724 ms
56 bytes from 192.168.1.2: icmp_seq=2 ttl=255 time=0.468 ms
56 bytes from 192.168.1.2: icmp_seq=3 ttl=255 time=0.640 ms
56 bytes from 192.168.1.2: icmp_seq=4 ttl=255 time=0.586 ms

<H3C>ping 192.168.1.4
Ping 192.168.1.2 (192.168.1.2): 56 data bytes, press CTRL_C to break
56 bytes from 192.168.1.2: icmp_seq=0 ttl=255 time=0.323 ms
56 bytes from 192.168.1.2: icmp_seq=1 ttl=255 time=0.724 ms
56 bytes from 192.168.1.2: icmp_seq=2 ttl=255 time=0.468 ms
56 bytes from 192.168.1.2: icmp_seq=3 ttl=255 time=0.640 ms
56 bytes from 192.168.1.2: icmp_seq=4 ttl=255 time=0.586 ms
```

（7）检查 SW1 的 G1/0/1 口收发报文情况及是否有错误帧收发。由于当前模拟器限制，报文的收发数据无法正确显示。

```
[SW1]display interface g1/0/1
GigabitEthernet1/0/1
Current state: UP
Line protocol state: UP
……
Last 300 second input: 0 packets/sec 0 bytes/sec 0%
Last 300 second output: 0 packets/sec 0 bytes/sec 0%
 Input (total): 0 packets, 0 bytes
        0 unicasts, 0 broadcasts, 0 multicasts, 0 pauses
 Input (normal): 0 packets, 0 bytes
        0 unicasts, 0 broadcasts, 0 multicasts, 0 pauses
 Input: 0 input errors, 0 runts, 0 giants, 0 throttles
        0 CRC, 0 frame, 0 overruns, 0 aborts
        0 ignored, 0 parity errors
 Output (total): 0 packets, 0 bytes
        0 unicasts, 0 broadcasts, 0 multicasts, 0 pauses
 Output (normal): 0 packets, 0 bytes
        0 unicasts, 0 broadcasts, 0 multicasts, 0 pauses
 Output: 0 output errors, 0 underruns, 0 buffer failures
        0 aborts, 0 deferred, 0 collisions, 0 late collisions
        0 lost carrier, 0 no carrier
```

（8）检查 SW1 和 SW2 的 MAC 地址表。可以发现正确的学习到了 4 台 PC 的 MAC 地址。

```
[SW1]display mac-address        //查看交换机 MAC 地址表
MAC Address     VLAN ID    State      Port/Nickname        Aging
72de-53ce-0306  1          Learned    GE1/0/1              Y
72de-56ed-0406  1          Learned    GE1/0/2              Y
72de-598e-0506  1          Learned    GE1/0/3              Y
72de-5c5a-0606  1          Learned    GE1/0/3              Y

[SW2]display mac-address
MAC Address     VLAN ID    State      Port/Nickname        Aging
72de-53ce-0306  1          Learned    GE1/0/3              Y
72de-56ed-0406  1          Learned    GE1/0/3              Y
72de-598e-0506  1          Learned    GE1/0/1              Y
72de-5c5a-0606  1          Learned    GE1/0/2              Y
```

（9）在 SW1 上保存配置。确认保存后重启设备。重启完成后设备名称仍为 SW1，可以确定配置仍然存在。

```
[SW1]save
The current configuration will be written to the device. Are you
sure? [Y/N]:y
Please input the file name(*.cfg)[flash:/startup.cfg]
(To leave the existing filename unchanged, press the enter key):
flash:/startup.cfg exists, overwrite? [Y/N]:y
Validating file. Please wait...
Saved the current configuration to mainboard device successfully.
[SW1]quit
<SW1>reboot
Start to check configuration with next startup configuration file,
please wait........DONE!
This command will reboot the device. Continue? [Y/N]:y
Now rebooting, please wait...
```

第三章　VLAN 技术与配置

一、VLAN 基本原理

在之前的章节中，曾经提到为了将广播域控制到较小的范围，就会使用路由器来连接不同的广播域。但在实际的应用场景中，路由器的接口数量一般都比较少。如果要规划的广播域太多，路由器的购买成本会非常巨大。另外，如果出于管理需要，在一个办公室或者厂房内有不同的业务要求隔离在不同广播域，那么交换机和路由器的连接将会变得非常复杂。为了解决这些问题，VLAN 技术出现了。

VLAN（Virtual Local Area Network，虚拟局域网）是一种在数据链路层实现广播域隔离的技术。使用 VLAN 技术，可以在无需路由器的情况下，仅靠交换机就能实现将不同接口隔离在不同的广播域，从而降低组网成本和复杂度。

办公室 A 和办公室 B 都有运检部和营销部的 PC，为了方便网络管理，要求把不同部门的 PC 隔离到不同广播域。使用 VLAN 技术后，只需要在两个办公室的交换机上把连接运检部 PC 的接口加入到一个 VLAN，连接营销部 PC 的接口加入到另外一个 VLAN 即可。划分完毕后，运检部的 PC 和营销部的 PC 就被隔离到不同的广播域。而且如果 PC 的位置有变动，也只需要在交换机上重新配置 VLAN 即可，维护和管理更便捷。VLAN 技术示例如图 3-1 所示。

按照前面章节中提到的内容，如果 PC 处在不同的广播域里，ARP 查询请求无法到达，交换机收到未知目的 MAC 的数据帧也无法泛洪到达。所以，不同 VLAN 的 PC 是无法在数据链路层通信的。具体来说，就是把交换机的某个接口加入到某个 VLAN 后，这个接口就只允许收发这个 VLAN 的数据帧，其他 VLAN 的帧一律不接收。如果要实现不同 VLAN 的互通，仍然需要通过路由实现网络层转发。这个方法将在后续路由章节中说明。

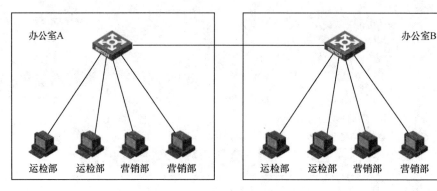

图 3-1　VLAN 技术示例（一）

　　在交换机上配置 VLAN 时，就需要给每个 VLAN 分配一个唯一的 VLAN ID，来区分不同的 VLAN。比如 VLAN 10 和 VLAN 20。然后把交换机的接口加入到不同 VLAN。配好后 VLAN 10 的接口连接 PC 就无法与 VLAN 20 接口连接的 PC 互通。

二、交换机端口类型（Access 与 Trunk）

　　如图 3-2 所示，在两个办公室的交换机上，都把连接运检部 PC 的接口加入到 VLAN 10，把连接营销部 PC 的接口加入到 VLAN 20，实现不同部门之间的二层隔离。但现在问题是两台交换机之间相连的接口应该加入到哪个 VLAN 呢？如果把两台交换机之间相连的接口加入 VLAN 10，则两个办公室中运检部的 PC 可以互通，但营销部的 PC 就无法互通了。把接口加入 VLAN 20 也一样，营销部的 PC 可以互通，运检部的 PC 却无法互通了。那么如何实现多 VLAN 的跨交换机互通呢？

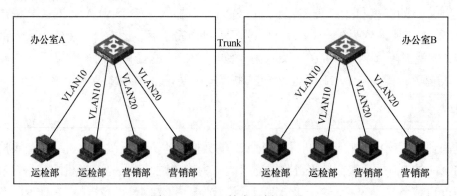

图 3-2　VLAN 技术示例（二）

　　交换机的端口有 Access、Trunk、Hybrid 三种类型。绝大部分场景中，只会用到 Access 和 Trunk 两种类型。Hybrid 应用较少，这里不做讨论。

（一）Access 类型端口

Access 类型端口必须加入到某个 VLAN，也只能加入到一个 VLAN。交换机从 Access 端口收到的数据帧，会给其打上 VLAN 标签，标记该数据帧来自哪个 VLAN。从 Access 端口发出的数据帧会拆除掉 VLAN 标签。由于 PC 的网卡无法识别携带 VLAN 标签的帧，因此 Access 类型端口一般用于连接 PC、服务器等终端设备。

（二）Trunk 类型端口

Trunk 类型端口无需加入某个 VLAN，可以允许多个 VLAN 的数据帧通过。交换机从 Trunk 端口发出的帧一般情况下不会拆除 VLAN 标签，目的是保留该数据帧的 VLAN 归属信息。所以 Trunk 类型端口一般用于连接另一台交换机。

按照上文的说明，在图 3-2 中，将在两台交换机上把连接运检部的接口以 Access 类型加入 VLAN 10，连接营销部的接口以 Access 类型加入 VLAN 20，然后把两台交换机之间相连的接口配置为 Trunk 类型，允许 VLAN 10 和 VLAN 20 通过，就可以实现两个办公室之间运检部仅与运检部的 PC 互通，营销部仅与营销部的 PC 互通。

H3C 交换机默认情况下所有端口都是 Access 类型，被加入到 VLAN 1，VLAN 1 也是交换机默认存在的 VLAN，无法被删除。如果不考虑广播域大小的问题，仅仅想实现全部 PC 互通，只需要把所有 PC 连接到交换机，交换机之间再连接起来就可以了。甚至不需要对交换机做任何配置。所以这里要再次强调的是，VLAN 技术的目的是为了隔离广播域，使网络运行更加高效稳定。

三、VLAN 相关命令

- **vlan** vlan-id

功能：该命令用于创建 VLAN 或进入某个 VLAN 的 VLAN 视图。vlan-id 为要创建或进入的 VLAN ID。

解释：该命令需要在系统视图使用。

举例 1：创建 VLAN 10。

```
[H3C]vlan 10
[H3C-vlan10]
```

举例 2：创建 VLAN 10 到 VLAN 20 间的所有 VLAN。

```
[H3C]vlan 10 to 20
```

- **name** vlan-name

功能：该命令用于把为某个 VLAN 命名。

解释：该命令只能在 VLAN 视图使用。

举例：将 VLAN 10 命名为 sales。

`[H3C-vlan10]`**`name sales`**

- **port** {interface-type interface-number}

功能：该命令用于把某个接口以 Access 类型加入到 VLAN。

解释：该命令只能在 VLAN 视图使用。

举例：把 G1/0/1 口加入到 VLAN 10。

`[H3C-vlan10]`**`port g1/0/1`**

- **port access vlan** {vlan-id}

功能：该命令用于把某个接口以 Access 类型加入到 VLAN。

解释：该命令只能在接口视图使用。

举例：把 G1/0/1 口加入到 VLAN 10。

`[H3C-GigabitEthernet1/0/1]`**`port access vlan 10`**

- **port link-mode** { access | trunk | hybrid }

功能：该命令用于配置接口的端口类型。

解释：该命令只能在接口视图使用。

举例：把 G1/0/1 口配置为 Trunk 类型。

`[H3C-GigabitEthernet1/0/1]`**`port link-type trunk`**

- **port trunk permit vlan** { vlan-list | all }

功能：该命令用于配置 Trunk 类型端口允许通过的 VLAN。

解释：该命令只能在接口视图使用。vlan-list 可以是一个 VLAN，也可以是多个 VLAN，多个 VLAN 使用空格隔开。也可以通过 all 来允许所有 VLAN 通过。

举例：把 Trunk 类型端口 G1/0/1 口配置为允许 VLAN 10 和 VLAN 20 通过。

`[H3C-GigabitEthernet1/0/1]`**`port trunk permit vlan 10 20`**

- **display vlan** {brief}

功能：该命令用于查看本交换机 VLAN 信息。

解释：加入 brief 参数后，将显示每个接口的 VLAN 归属信息。

举例：查看本交换机的 VLAN 及接口 VLAN 归属信息。

```
[H3C]display vlan brief
Brief information about all VLANs:
Supported Minimum VLAN ID: 1
Supported Maximum VLAN ID: 4094
Default VLAN ID: 1
VLAN ID   Name              Port
1         VLAN 0001         FGE1/0/53  FGE1/0/54  GE1/0/2
                            GE1/0/3   GE1/0/4   GE1/0/5   GE1/0/6
                            GE1/0/7   GE1/0/8   GE1/0/9   GE1/0/10
                            GE1/0/11  GE1/0/12  GE1/0/13
                            GE1/0/14  GE1/0/15  GE1/0/16
                            GE1/0/17  GE1/0/18  GE1/0/19
                            GE1/0/20  GE1/0/21  GE1/0/22
                            GE1/0/23  GE1/0/24  GE1/0/25
                            GE1/0/26  GE1/0/27  GE1/0/28
                            GE1/0/29  GE1/0/30  GE1/0/31
                            GE1/0/32  GE1/0/33  GE1/0/34
                            GE1/0/35  GE1/0/36  GE1/0/37
                            GE1/0/38  GE1/0/39  GE1/0/40
                            GE1/0/41  GE1/0/42  GE1/0/43
                            GE1/0/44  GE1/0/45  GE1/0/46
                            GE1/0/47  GE1/0/48  XGE1/0/49
                            XGE1/0/50  XGE1/0/51  XGE1/0/52
10        sales             GE1/0/1
```

- **display port trunk**

功能：该命令用于查看本交换机上 Trunk 端口的 VLAN 通行信息。

解释：interface 为 Trunk 端口的端口号，VLAN Passing 为该端口允许通过的 VLAN ID。

举例：查看本交换机上 Trunk 端口的 VLAN 通行信息。

```
[H3C]display port trunk
Interface        PVID    VLAN Passing
GE1/0/1          1       1, 10, 20
```

四、VLAN 配置实验

（一）实验拓扑

VLAN 配置实验拓扑如图 3-3 所示。

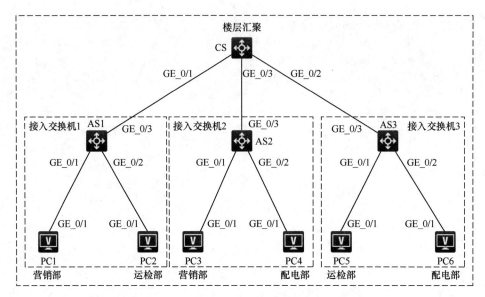

图 3-3　VLAN 配置实验拓扑

（二）实验需求

（1）某地电网公司办公楼 6 楼组网如图 3-3 所示。该楼层部署有三台接入交换机，用于连接各办公室 PC。按照就近连接原则，接入交换机 1 连接有营销部和运检部的 PC。接入交换机 2 连接有营销部和配电部的 PC，接入交换机 3 连接有运检部和配电部的 PC。三台接入交换机上连至楼层汇聚交换机实现本楼层互通。

（2）按照公司组网规划，营销部规划到 VLAN 10，运检部规划到 VLAN 20，配电规划到 VLAN 30。VLAN 10 规划 IP 网段为 192.168.1.0/24 网段，VLAN 20 规划 IP 网段为 192.168.2.0/24 网段，VLAN 30 规划 IP 网段为 192.168.3.0/24 网段。

（3）按照表 3-1 为 PC 配置 IP 地址。

表 3-1　VLAN 配置实验 IP 地址表

设备	接口	IP 地址	网关地址
PC1	—	192.168.1.1/24	192.168.1.254
PC2	—	192.168.2.1/24	192.168.2.254
PC3	—	192.168.1.2/24	192.168.1.254
PC4	—	192.168.3.1/24	192.168.3.254
PC5	—	192.168.2.2/24	192.168.2.254
PC6	—	192.168.3.2/24	192.168.3.254

（4）在接入交换机上创建各部门 VLAN，按照表 3-2 命名以方便管理。

（5）按照表 3-2，在接入与汇聚交换机上配置端口类型与 VLAN，实现同 VLAN 的 PC 可以互通，不同 VLAN 的 PC 不能二层互通。

表 3-2　VLAN 配置实验 VLAN 规划表

设备	接口	端口类型	VLAN	VLAN 命名
CS	G1/0/1	Trunk	Permit 10 20	—
	G1/0/2	Trunk	Permit 20 30	—
	G1/0/3	Trunk	Permit 10 30	—
AS1	G1/0/1	Access	10	Yingxiao
	G1/0/2	Access	20	Yunjian
	G1/0/3	Trunk	Permit 10 20	—
AS2	G1/0/1	Access	10	Yingxiao
	G1/0/2	Access	30	Peidian
	G1/0/3	Trunk	Permit 10 30	—
AS3	G1/0/1	Access	20	Yunjian
	G1/0/2	Access	30	Peidian
	G1/0/3	Trunk	Permit 20 30	—

（三）实验步骤

（1）按照表 3-1 所示为 PC 配置 IP 地址和网关，截图（略）。

（2）按照实验拓扑为交换机配置设备名称为 CS、AS1、AS2 和 AS3，步骤（略）。

（3）由于 AS1 上只连接营销部和运检部的 PC，因此只需创建 VLAN 10 与 VLAN 20，并命名为 Yingxiao 和 Yunjian。按照表 3-2，把 G1/0/1 口以 Access 加 入 VLAN 10，把 G1/0/2 口加入 VLAN 20，G1/0/3 口配置为 Trunk 类型，并配置 允许 VLAN 10 和 VLAN 20 通过。

```
[AS1]vlan 10                              //创建 VLAN 10
[AS1-vlan10]name Yingxiao                 //为 VLAN 10 命名
[AS1-vlan10]port g1/0/1                   //把 G1/0/1 口加入 VLAN 10

[AS1]vlan 20                              //创建 VLAN 20
[AS1-vlan20]name Yunjian                  //为 VLAN 20 命名
[AS1-vlan20]port g1/0/2                   //把 G1/0/2 口加入 VLAN 20

[AS1]interface g1/0/3                     //进入 G1/0/3 口的接口视图
[AS1-GigabitEthernet1/0/3]port link-type trunk
                                          //配置 G1/0/3 口为 Trunk 类型
[AS1-GigabitEthernet1/0/3]port trunk permit vlan 10 20
                                          //允许 VLAN 10 和 VLAN 20 在该
                                            Trunk 口上通过
```

（4）由于 AS2 上只连接营销部和配电部的 PC，因此只需创建 VLAN 10 与 VLAN 30，并命名为 Yingxiao 和 Peidian。按照表 3-2，把 G1/0/1 口以 Access 加入 VLAN 10，把 G1/0/2 口加入 VLAN 30，G1/0/3 口配置为 Trunk 类型，并配置允许 VLAN 10 和 VLAN 30 通过。

```
[AS2]vlan 10                                  //创建 VLAN 10
[AS2-vlan10]name Yingxiao                     //为 VLAN 10 命名
[AS2-vlan10]port g1/0/1                       //把 G1/0/1 口加入 VLAN 10

[AS2]vlan 30                                  //创建 VLAN 30
[AS2-vlan30]name Peidian                      //为 VLAN 30 命名
[AS2-vlan30]port g1/0/2                       //把 G1/0/2 口加入 VLAN 30

[AS2]interface g1/0/3                         //进入 G1/0/3 口的接口视图
[AS2-GigabitEthernet1/0/3]port link-type trunk
                                             //配置 G1/0/3 口为 Trunk 类型
[AS2-GigabitEthernet1/0/3]port trunk permit vlan 10 30
                                             //允许 VLAN 10 和 VLAN 30 在该
                                               Trunk 口上通过
```

（5）由于 AS3 上只连接运检部和配电部的 PC，因此只需创建 VLAN 20 与 VLAN 30，并命名为 Yunjian 和 Peidian。按照表 3-2，把 G1/0/1 口以 Access 加入 VLAN 20，把 G1/0/2 口加入 VLAN30，G1/0/3 口配置为 Trunk 类型，并配置允许 VLAN 20 和 VLAN 30 通过。

```
[AS3]vlan 20                                  //创建 VLAN 20
[AS3-vlan20]name Yunjian                      //为 VLAN 20 命名
[AS3-vlan20]port g1/0/1                       //把 G1/0/1 口加入 VLAN 20

[AS3]vlan 30                                  //创建 VLAN 30
[AS3-vlan30]name Peidian                      //为 VLAN 30 命名
[AS3-vlan30]port g1/0/2                       //把 G1/0/2 口加入 VLAN 30

[AS3]interface g1/0/3                         //进入 G1/0/3 口的接口视图
[AS3-GigabitEthernet1/0/3]port link-type trunk
                                             //配置 G1/0/3 口为 Trunk 类型
[AS3-GigabitEthernet1/0/3]port trunk permit vlan 20 30
                                             //允许 VLAN 20 和 VLAN 30 在该
                                               Trunk 口上通过
```

（6）CS 为汇聚交换机，下连的本楼层所有的 VLAN 都需要在本交换机上进行转发，所以 3 个 VLAN 都需要创建。而汇聚交换机上并不连接 PC，只连接交换机，所以，所有接口都要配置为 Trunk 类型，并按照各接口下连 VLAN 来配置

VLAN 通行。

```
[CS]vlan 10                                    //创建 VLAN 10
[CS-vlan10]vlan 20                             //创建 VLAN 20
[CS-vlan20]vlan 30                             //创建 VLAN 30

[CS]interface g1/0/1                           //进入 G1/0/1 口接口视图
[CS-GigabitEthernet1/0/1]port link-type trunk
                                               //配置 G1/0/1 口为 Trunk 类型
[CS-GigabitEthernet1/0/1]port trunk permit vlan 10 20
                                               //允许 VLAN 10 和 VLAN 20 在该
                                                 Trunk 口上通过
[CS]interface g1/0/2                           //进入 G1/0/2 口接口视图
[CS-GigabitEthernet1/0/2]port link-type trunk
                                               //配置 G1/0/2 口为 Trunk 类型
[CS-GigabitEthernet1/0/2]port trunk permit vlan 20 30
                                               //允许 VLAN 20 和 VLAN 30 在该
                                                 Trunk 口上通过

[CS]interface g1/0/3                           //进入 G1/0/2 口接口视图
[CS-GigabitEthernet1/0/3]port link-type trunk
                                               //配置 G1/0/3 口为 Trunk 类型
[CS-GigabitEthernet1/0/3]port trunk permit vlan 10 30
                                               //允许 VLAN 10 和 VLAN 30 在该
                                                 Trunk 口上通过
```

（四）结果验证

（1）在接入交换机上查看 VLAN 和接口的 VLAN 归属，VLAN 信息无误。

```
[AS1]display vlan brief
Brief information about all VLANs:
Supported Minimum VLAN ID: 1
Supported Maximum VLAN ID: 4094
Default VLAN ID: 1
VLAN ID   Name                    Port
1         VLAN 0001               FGE1/0/53  FGE1/0/54  GE1/0/3
                                  GE1/0/4   GE1/0/5   GE1/0/6   GE1/0/7
                                  GE1/0/8   GE1/0/9   GE1/0/10
                                  GE1/0/11  GE1/0/12  GE1/0/13
                                  GE1/0/14  GE1/0/15  GE1/0/16
                                  GE1/0/17  GE1/0/18  GE1/0/19
                                  GE1/0/20  GE1/0/21  GE1/0/22
                                  GE1/0/23  GE1/0/24  GE1/0/25
                                  GE1/0/26  GE1/0/27  GE1/0/28
                                  GE1/0/29  GE1/0/30  GE1/0/31
```

```
                                     GE1/0/32  GE1/0/33  GE1/0/34
                                     GE1/0/35  GE1/0/36  GE1/0/37
                                     GE1/0/38  GE1/0/39  GE1/0/40
                                     GE1/0/41  GE1/0/42  GE1/0/43
                                     GE1/0/44  GE1/0/45  GE1/0/46
                                     GE1/0/47  GE1/0/48  XGE1/0/49
                                     XGE1/0/50  XGE1/0/51  XGE1/0/52
10        Yingxiao                   GE1/0/1  GE1/0/3
20        Yunjian                    GE1/0/2  GE1/0/3

[AS2]display vlan brief
Brief information about all VLANs:
Supported Minimum VLAN ID: 1
Supported Maximum VLAN ID: 4094
Default VLAN ID: 1
VLAN ID   Name                       Port
1         VLAN 0001                  FGE1/0/53  FGE1/0/54  GE1/0/3
                                     GE1/0/4  GE1/0/5  GE1/0/6  GE1/0/7
                                     GE1/0/8  GE1/0/9  GE1/0/10
                                     GE1/0/11  GE1/0/12  GE1/0/13
                                     GE1/0/14  GE1/0/15  GE1/0/16
                                     GE1/0/17  GE1/0/18  GE1/0/19
                                     GE1/0/20  GE1/0/21  GE1/0/22
                                     GE1/0/23  GE1/0/24  GE1/0/25
                                     GE1/0/26  GE1/0/27  GE1/0/28
                                     GE1/0/29  GE1/0/30  GE1/0/31
                                     GE1/0/32  GE1/0/33  GE1/0/34
                                     GE1/0/35  GE1/0/36  GE1/0/37
                                     GE1/0/38  GE1/0/39  GE1/0/40
                                     GE1/0/41  GE1/0/42  GE1/0/43
                                     GE1/0/44  GE1/0/45  GE1/0/46
                                     GE1/0/47  GE1/0/48  XGE1/0/49
                                     XGE1/0/50  XGE1/0/51  XGE1/0/52
10        Yingxiao                   GE1/0/1  GE1/0/3
30        Peidian                    GE1/0/2  GE1/0/3

[AS3]display vlan brief
Brief information about all VLANs:
Supported Minimum VLAN ID: 1
Supported Maximum VLAN ID: 4094
Default VLAN ID: 1
VLAN ID   Name                       Port
```

```
1          VLAN 0001            FGE1/0/53  FGE1/0/54  GE1/0/3
                                GE1/0/4  GE1/0/5  GE1/0/6  GE1/0/7
                                GE1/0/8  GE1/0/9  GE1/0/10
                                GE1/0/11  GE1/0/12  GE1/0/13
                                GE1/0/14  GE1/0/15  GE1/0/16
                                GE1/0/17  GE1/0/18  GE1/0/19
                                GE1/0/20  GE1/0/21  GE1/0/22
                                GE1/0/23  GE1/0/24  GE1/0/25
                                GE1/0/26  GE1/0/27  GE1/0/28
                                GE1/0/29  GE1/0/30  GE1/0/31
                                GE1/0/32  GE1/0/33  GE1/0/34
                                GE1/0/35  GE1/0/36  GE1/0/37
                                GE1/0/38  GE1/0/39  GE1/0/40
                                GE1/0/41  GE1/0/42  GE1/0/43
                                GE1/0/44  GE1/0/45  GE1/0/46
                                GE1/0/47  GE1/0/48  XGE1/0/49
                                XGE1/0/50  XGE1/0/51  XGE1/0/52
20         Yunjian              GE1/0/1  GE1/0/3
30         Peidian              GE1/0/2  GE1/0/3
```

（2）在各交换机上查看 Trunk 端口信息，Trunk 放行的 VLAN 信息无误。

```
[AS1]display port trunk
Interface         PVID    VLAN Passing
GE1/0/3           1       1, 10, 20

[AS2]display port trunk
Interface         PVID    VLAN Passing
GE1/0/3           1       1, 10, 30

[AS3]display port trunk
Interface         PVID    VLAN Passing
GE1/0/3           1       1, 20, 30

[CS]display port trunk
Interface         PVID    VLAN Passing
GE1/0/1           1       1, 10, 20
GE1/0/2           1       1, 20, 30
GE1/0/3           1       1, 10, 30
```

（3）验证同 VLAN 的 PC 可以 PING 通，不同 VLAN 的 PC 无法 PING 通（命令略）。

第四章 生成树技术

第一节 STP 协议

一、二层环路带来的问题

在典型的企业组网环境中，一般按照接入层、汇聚层、核心层的三层模型来设计。接入层使用交换机连接各办公场所的 PC。汇聚层使用交换机与各接入交换机互连，把该区域内的 PC 连通。最后核心层再使用交换机把各汇聚层交换机互连，实现全网互通。由于汇聚层到核心层一般基于三层互连，这里暂且不讨论。

如果在每个区域只部署一台汇聚交换机的话，如果这台交换机故障，就会造成这个区域的网络全部中断。接入层与汇聚层如图 4-1 所示。为了提高网络可靠性，一般都会在每个区域部署两台以上的汇聚层交换机。然后该区域的每台接入

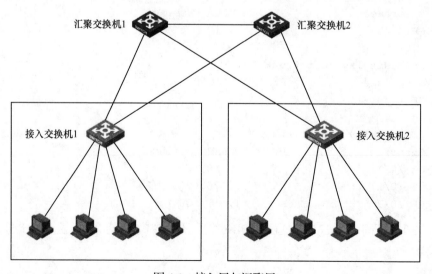

图 4-1　接入层与汇聚层

交换机分别与每台汇聚交换机互连，并且汇聚交换机之间也进行互连。这样设计的好处就在于任意两个节点间路径都不止一条，有备份冗余的路径。所以任何一台汇聚交换机故障后，网络流量都还可以通过另外一台汇聚交换机转发，业务不会中断。

但是这样连接网络后，会导致另外一个很麻烦环路问题。从图 4-1 中不难看出，接入交换机 1、汇聚交换机 1 与汇聚交换机 2 之间形成了一个网络环路，接入交换机 2、汇聚交换机 1 与汇聚交换机 2 之间也形成了一个网络环路。

如图 4-2 所示，SW1、SW2 与 SW3 连接成环路。假设 SW2 上的 PC 发出一个广播帧或者目的 MAC 地址未知的单播帧，按照交换机工作原理，SW2 会将该帧从 G1/0/1 口和 G1/0/2 口广播出去，SW3 从 G1/0/1 口收到广播，会从 G1/0/2 口又广播出去，SW1 从 G1/0/2 口收到广播，又会从 G1/0/1 口广播出去，数据帧就这样又返回到 SW2。SW2 仍然会继续把这个数据帧广播下去。如此反复，该数据帧将无休止地在环路中循环下去。而每个广播帧都被如此处理，将导致积累的广播报文越来越多，最终使交换机宕机，这种现象我们称之为广播风暴。

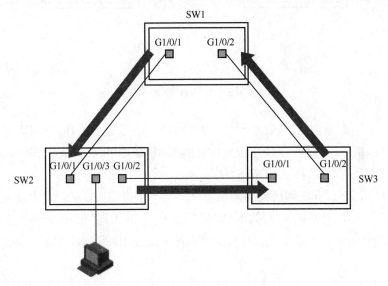

图 4-2　二层环路

二、STP 工作原理

为了解决二层环路带来的问题，STP 技术出现了。STP 名为生成树协议，是一种在数据链路层通过阻塞端口来避免环路产生的技术。STP 的技术原理非常简单，如图 4-3 所示。STP 通过选举将 SW3 的 G1/0/1 口阻塞起来，使该接口不再转发数据，流量自然就无法通过环路绕回到始发交换机了。但是为了使网络仍然具有多路径的备份冗余效果，STP 会持续监听网络。一旦网络中的其他链路或设备故障后，STP 会自动开启阻塞端口，达到路径备份的效果。阻塞端口的选举机制如下：

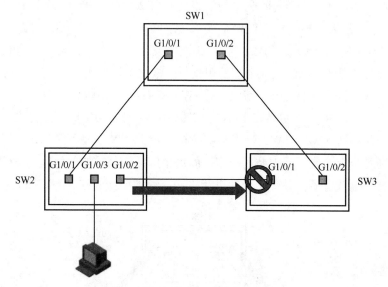

图 4-3　STP 原理

（1）在所有交换机中选举一台作为根网桥。选择规则是 Bridge-ID（桥 ID），小的优先。Bridge-ID 格式为桥优先级+交换机 MAC 地址。桥优先级默认是 32768，可以手动修改，但必须是 4096 的倍数。

（2）在每一台非根网桥的交换机上选举出一个根端口。选择规则是先对比到达根网桥的 Cost（开销，与接口带宽成反比），小的优先，Cost 一致则对比对端交换机 Bridge-ID，小的优先，对端交换机的 Bridge-ID 也一致，对比端口 ID，小的优先。

（3）在每一条物理线路上选举出一个指定端口。选择规则是先对比到达根网桥的 Cost，小的优先，Cost 一致则对比本端交换机 Bridge-ID，小的优先，本端交换机的 Bridge-ID 也一致，对比端口 ID，小的优先。

（4）剩下没有端口的角色就是阻塞端口。

STP 协议年代已经非常久远，存在各种缺陷。最大的问题就是故障收敛速度（链路发生故障到阻塞端口开启的速度）慢，需要 30~50s。在如今的网络环境中，这个业务中断时间是不能接受的。所以实际组网中，用的更多的是 STP 的改进版本，RSTP 和 MSTP。

第二节 RSTP 技 术

一、RSTP 带来的改进

RSTP 是快速生成树协议，正如协议名称，RSTP 的主要特点就是收敛速度快，RSTP 发生故障后的收敛时间大概在 1s 左右。RSTP 的基本原理与 STP 一致，只是在 STP 的基础上进行了一些加快收敛速度的改进。

（1）RSTP 的根桥选举、根端口选举、指定端口选举机制与 STP 一致。但是把阻塞端口分为了两种。分别是替代端口与备份端口。替代端口是根端口的备份，备份端口是指定端口的备份。在 STP 中，一旦根端口故障，需要重新通过计算来选举出新的根端口，而在 RSTP 中，根端口故障，可以直接开启替代端口来恢复网络连通，跳过了 STP 的计算过程。

（2）RSTP 中，可以把连接 PC 的端口设置为边缘端口，使 PC 可以快速连通网络。在 STP 中，连接 PC 的端口也需要参与生成树计算和选举，整个过程默认需要 30s。在计算和选举没有完成之前，端口是不转发数据的。所以在 STP 中，当你把 PC 用网线接入交换机后，不能马上连网，需要等待 30s。而在 RSTP 中，可以把连接 PC 的端口配置为边缘端口。边缘端口不参与生成树的计算和选举，只要线路连通就可以立即转发数据。

（3）RSTP 专门设计了根端口与指定端口的快速收敛机制。这些机制使 RSTP 中，一旦新的根端口或指定端口角色确定后，只需交互一次报文就能立即进入数据转发状态，跳过 STP 的 30s 计算过程。

虽然 RSTP 通过改进，实现了故障快速收敛。但与 STP 一样，仍然存在一个链路资源浪费的缺陷。STP 与 RSTP 都需要在以太环网中通过阻塞端口来避免环路问题。被阻塞的端口不能转发流量，但实际上被阻塞的端口是没有问题的，这就导致了正常的链路资源被浪费。后面章节要讲到的 MSTP 可以解决这个问题。所以在实际组网中，要使用生成树的话，绝大部分情况都是使用 MSTP。只在设备不支持 MSTP 时，才建议使用 RSTP。

二、RSTP 相关命令

H3C 的交换机默认开启生成树。而且 STP 和 RSTP 协议的工作都是自动完成的，基本无须人工干预，只在需要人为控制选举角色时才需要配置。

- [undo] **stp global enable**

功能：该命令用于全局开启 STP。

解释：STP 默认开启，只在人为关闭 STP 后，才需要使用该命令。命令前加上 undo 用于全局关闭 STP。

举例：开启 STP。

```
[H3C]stp global enable
```

- [undo] **stp enable**

功能：该命令用于在接口开启 STP。

解释：STP 在所有接口默认开启，只在人为关闭接口的 STP 后，才需要使用该命令。命令前加上 undo 用于在接口关闭 STP。

举例：开启 G1/0/1 口的 STP。

```
[H3C- GigabitEthernet1/0/1]stp enable
```

- **stp mode** { stp | rstp | mstp }

功能：该命令用于配置 STP 模式。

解释：H3C 交换机 STP 模式默认为 MSTP，可以使用该命令更改模式。

举例：配置 STP 模式为 RSTP。

```
[H3C]stp mode rstp
```

- **stp priority** {priority}

功能：该命令用于配置交换机 STP 优先级。

解释：当需要人为干预根网桥选举时，可以使用该命令修改 STP 优先级。

举例：配置 STP 优先级为 4096。

```
[H3C]stp priority 4096
```

- **stp edged-port**

功能：该命令用于将端口配置为边缘端口。

解释：该命令必须在接口视图下配置。配置后系统会警告务必该端口是连接终端的接口。

举例：将 G1/0/1 口配置为边缘端口。

```
[H3C-GigabitEthernet1/0/1]stp edged-port
Edge port should only be connected to terminal. It will cause
temporary loops if port GigabitEthernet1/0/1 is connected to bridges.
Please use it carefully.
```

- **display stp**

功能：该命令用于查看当前 STP 运行状态。

解释：Mode 为当前 STP 模式，Bridge ID 为本机桥 ID，Root ID 为根网桥的桥 ID。

举例：查看当前 STP 运行状态。

```
[H3C]display stp
-------[CIST Global Info][Mode MSTP]-------
 Bridge ID          : 32768.74a4-74c1-0200
 Bridge times       : Hello 2s MaxAge 20s FwdDelay 15s MaxHops 20
 Root ID/ERPC       : 32768.74a4-7187-0100, 20
 RegRoot ID/IRPC    : 32768.74a4-74c1-0200, 0
 RootPort ID        : 128.4
 BPDU-Protection    : Disabled
 Bridge Config-
 Digest-Snooping    : Disabled
 TC or TCN received : 14
 Time since last TC : 0 days 5h:36m:36s.
```

- **display stp brief**

功能：该命令用于查看当前各端口的 STP 角色与状态。

解释：Role 为端口角色，其中 DESI 为指定端口，ROOT 为根端口，ALTE 为替代端口，BACK 为备份端口。STP State 为端口状态，其中 FORWARDING 为转发状态，表示该端口可转发数据，DISCARDING 为阻塞状态，表示该端口无法转发数据。

举例：查看当前各端口的 STP 角色与状态。

```
[H3C]display stp brief
 MST ID   Port                      Role  STP State    Protection
 0        GigabitEthernet1/0/1      DESI  FORWARDING   NONE
 0        GigabitEthernet1/0/2      DESI  FORWARDING   NONE
 0        GigabitEthernet1/0/3      ROOT  FORWARDING   NONE.
```

三、RSTP 配置实验

（一）实验拓扑

RSTP 配置实验拓扑如图 4-4 所示。

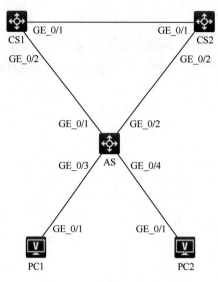

图 4-4　RSTP 配置实验拓扑

（二）实验需求

（1）如图 4-4 所示，某地电网公司办公楼 6 楼的接入交换机 AS 双上行连接到两台楼层汇聚交换机 CS1 和 CS2。现需要通过配置 RSTP 来保障网络无环。

（2）为了避免汇聚交换机之间的链路被阻塞，需要手动配置根网桥为 CS1，当 CS1 故障后，根网桥切换到 CS2。

（3）为了使 PC 能够快速上线，在接入交换机上把连接 PC 的接口配置为边缘端口。

（三）实验步骤

（1）按照实验拓扑，修改各交换机设备名称（命令略）。

（2）由于 H3C 的交换机生成树默认开启，因此需要先观察 STP 的运行状态是否与要求一致。在任意交换机上查看当前 STP，发现默认模式为 MSTP。MSTP 一般可以兼容 RSTP 运行，如果网络中存在其他不支持 MSTP 的交换机型号，也不会影响整体生成树的运行。一般不建议把支持 MSTP 交换机的 STP 模式修改为 RSTP。

```
[CS1]display stp                    //查看当前 STP 状态
-------[CIST Global Info][Mode MSTP]-------
                                    //此处代表当前 STP 模式为 MSTP
```

```
Bridge ID           : 32768.84b5-de72-0200
Bridge times        : Hello 2s MaxAge 20s FwdDelay 15s MaxHops 20
Root ID/ERPC        : 32768.84b5-dbb9-0100, 20
RegRoot ID/IRPC     : 32768.84b5-de72-0200, 0
RootPort ID         : 128.3
BPDU-Protection     : Disabled
Bridge Config-
Digest-Snooping     : Disabled
TC or TCN received  : 7
Time since last TC  : 0 days 1h:0m:48s
```

（3）在三台交换机上查看 STP 端口状态，发现 CS2 的 G1/0/1 口被选举为替代端口，状态是阻塞。

```
[CS1]display stp brief       //查看 STP 端口状态
MST ID   Port                    Role  STP State   Protection
0        GigabitEthernet1/0/1    DESI  FORWARDING  NONE
0        GigabitEthernet1/0/2    ROOT  FORWARDING  NONEs

[CS2]display stp brief       //查看 STP 端口状态
MST ID   Port                    Role  STP State   Protection
0        GigabitEthernet1/0/1    ALTE  DISCARDING  NONE
0        GigabitEthernet1/0/2    ROOT  FORWARDING  NONE

[AS]display stp brief        //查看 STP 端口状态
MST ID   Port                    Role  STP State   Protection
0        GigabitEthernet1/0/1    DESI  FORWARDING  NONE
0        GigabitEthernet1/0/2    DESI  FORWARDING  NONE
```

（4）进一步查看 AS 的 MAC 地址，由于发现 AS 的 MAC 地址最小，因此被选中为根网桥。按照 STP 选举规则，离根网桥最远的端口会被阻塞。故阻塞了 CS1 和 CS2 之间的接口。

```
[CS1]display stp             //查看当前 STP 状态
-------[CIST Global Info][Mode MSTP]-------
Bridge ID           : 32768.84b5-de72-0200      //本机 MAC 地址
Bridge times        : Hello 2s MaxAge 20s FwdDelay 15s MaxHops 20
Root ID/ERPC        : 32768.84b5-dbb9-0100, 20      //根网桥 MAC 地址
RegRoot ID/IRPC     : 32768.84b5-de72-0200, 0
RootPort ID         : 128.3
BPDU-Protection     : Disabled
Bridge Config-
Digest-Snooping     : Disabled
```

```
TC or TCN received  : 7
Time since last TC  : 0 days 1h:12m:34s
```

```
[AS]display interface          //查看所有接口信息
FortyGigE1/0/53
Current state: DOWN
Line protocol state: DOWN
IP packet frame type: Ethernet II, hardware address: 84b5-dbb9-0100
                      //交换机上任意一个接口的 MAC 地址就是本交换
                        机的 MAC 地址
Description: FortyGigE1/0/53 Interface
Bandwidth: 40000000 kbps
Loopback is not set
```

（5）为了使 CS1 成为根网桥，手动修改 CS1 的 STP 优先级为 0。同时为了使 CS1 故障后，CS2 一定能成为新的根网桥，修改 CS2 的 STP 优先级为 4096。

```
[CS1]stp priority 0
```

```
[CS2]stp priority 4096
```

（6）再次查看 AS 的端口状态，发现 AS 的 G1/0/2 口被阻塞。CS1 与 CS2 之间的接口为转发状态。

```
[CS1]display stp brief
MST ID   Port                    Role  STP State   Protection
0        GigabitEthernet1/0/1    DESI  FORWARDING  NONE
0        GigabitEthernet1/0/2    DESI  FORWARDING  NONE
```

```
[CS2]display stp brief
MST ID   Port                    Role  STP State   Protection
0        GigabitEthernet1/0/1    ROOT  FORWARDING  NONE
0        GigabitEthernet1/0/2    DESI  FORWARDING  NONE
```

```
[AS]display stp brief
MST ID   Port                    Role  STP State   Protection
0        GigabitEthernet1/0/1    ROOT  FORWARDING  NONE
0        GigabitEthernet1/0/2    ALTE  DISCARDING  NONE
```

（7）在 AS 上把连接 PC 的接口配置为边缘端口，以使 PC 上线后能立即进入转发状态。

```
[AS]interface range g1/0/3 g1/0/4
                      //进入 G1/0/3 和 G1/0/4 口批量配置视图
[AS-if-range]stp edged-port    //配置接口为边缘端口
```

```
Edge port should only be connected to terminal. It will cause
temporary loops if port GigabitEthernet1/0/3 is connected to bridges.
Please use it carefully.
Edge port should only be connected to terminal. It will cause
temporary loops if port GigabitEthernet1/0/4 is connected to bridges.
Please use it carefully.
```

第三节 MSTP 技 术

一、MSTP 技术原理

STP 与 RSTP 都存在一个共同的缺陷，就是阻塞的链路资源会被浪费掉。为了提高链路资源利用率，MSTP 出现了。

MSTP 是多生成树协议。MSTP 在具备 RSTP 快速收敛特性的基础上，增加了分区域管理和基于 VLAN 实现负载分担的功能。

按照生成树的选举规则，二层网络越大，交换机的数量越多，选举所需的时间就会越长。为了加快生成树的选举，MSTP 支持把交换机划分到多个区域，每个区域内部有独立的计算生成树。这样可以使生成树的选举速度大幅提升。但在目前的实际组网环境中，一般只是接入层到汇聚层之间是二层网络，汇聚层到核心层之间会设计成三层网络。二层网络的范围不会很大。在绝大部分场景下，都只会规划单区域的 MSTP。而且区域和区域之间的生成树不支持多实例负载分担，所以这里仅讲解单区域 MSTP 的设计和部署。

要使多台交换机加入到同一个 MSTP 域，需要保证所有交换机的域名、修订级别、VLAN 与实例映射关系一致。

MSTP 最大的优势是可以创建多个生成树实例来映射到不同 VLAN，然后不同的生成树实例通过阻塞不同端口，来实现一部分 VLAN 的流量走一条路径，一部分 VLAN 的流量走另一条路径，这样就可以避免链路资源的浪费。

如图 4-5 所示，接入层交换机 AS 与两台汇聚层交换机 CS1、CS2 互连。CS1 与 CS2 之间互连。假设网络中存在 VLAN 1-VLAN 20 共 20 个 VLAN。在 MSTP 中，可以分别创建 STP 实例 1 与 STP 实例 2。其中 STP 实例 1 映射 VLAN 1-VLAN 10，STP 实例 2 映射 VLAN 11-VLAN 20。然后通过手动配置，使 STP 实例 1 把 AS 的 G1/0/2 口阻塞，使 STP 实例 2 把 AS 的 G1/0/1 口阻塞。那也就意味着 VLAN 1-VLAN 10 的流量到 AS 后，由于 G1/0/2 口被阻塞，只能通过 G1/0/1 口将流量发送至 CS1 处理。而 VLAN 11-VLAN 20 的流量到 AS 后，由于 G1/0/1 口被阻塞，只能通过 G1/0/2 口将流量发送至 CS2 处理。这样一来，不同 VLAN 的流量通过不同的链路从接入上行至汇聚，不会有任何链路资源被浪费。

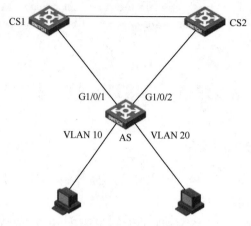

图 4-5　MSTP 示例

二、MSTP 相关命令

- **stp region-configuration**

功能：该命令用于进入 STP 域配置视图。

解释：MSTP 需要手动配置域相关信息和 VLAN 与实例的映射关系。相关配置都需要在 STP 域配置视图进行。

举例：进入 STP 域配置视图。

```
[H3C]stp region-configuration
```

- **region-name** {region-name}

功能：该命令用于配置当前交换机所在 MSTP 域的域名。

解释：region-name 为自定义的域名，可使用字母与数字。

举例：配置当前交换机 MSTP 域的域名为 H3C。

```
[H3C-mst-region]region-name H3C
```

- **revision-level** {level}

功能：该命令用于配置当前交换机所在 MSTP 域的修订级别。

解释：修订级别目前没有任何含义，只需要保证同一个域内所有交换机的修订级别一致即可。在实际场景中，如果所有交换机都不配置修订级别，默认都为 0。

举例：配置当前交换机 MSTP 域的修订级别为 1。

`[H3C-mst-region]`**`revision-level 1`**

● **instance** {instance-id} **vlan** {vlan-list}

功能：该命令用于配置当前交换机所在 MSTP 域的 VLAN 与实例的映射关系。

解释：MSTP 默认只存在实例 0，所有 VLAN 都默认映射在实例 0，无法实现不同 VLAN 的流量负载分担。instance-id 为实例 ID，vlan-list 为该实例要映射的 VLAN 列表。

举例：在当前交换机 MSTP 域中，创建实例 1 映射 VLAN 10 和 VLAN 20。

`[H3C-mst-region]`**`instance 1 vlan 10 20`**

● **active region-configuration**

功能：该命令用于激活当前交换机的 MSTP 域配置。

解释：初次配置 MSTP 域配置或修改 MSTP 域配置都需要通过该命令激活后才会生效。

举例：激活当前交换机的 MSTP 域配置。

`[H3C-mst-region]`**`active region-configuration`**

● **stp instance** {instance-id} **root** [primary | secondary]

功能：该命令用于指定当前交换机为某 STP 实例的主要根网桥或备份根网桥。

解释：主要根网桥会立即成为当前实例的根网桥，备份根网桥会在主要根网桥故障后成为根网桥。primary 为主要根网桥，secondary 为备份根网桥。

举例：配置当前交换机为实例 1 的主要根网桥。

`[H3C]`**`stp instance 1 root primary`**

● **display stp region-configuration**

功能：该命令用于查看当前交换机的 MSTP 域配置。

解释：Region name 为域名，Revision level 为修订级别，Instance VLANs Mapped 为 VLAN 与实例的映射关系。

举例：查看当前交换机的 MSTP 域配置。

```
[H3C]display stp region-configuration
 Oper Configuration
  Format selector      : 0
```

```
Region name        : H3C
Revision level     : 1
Configuration digest : 0x9bbda9c70d91f633e1e145fbcbf8d321

Instance  VLANs Mapped
0         1 to 9, 11 to 19, 21 to 4094
1         10, 20
```

三、MSTP 配置实验

（一）实验拓扑

MSTP 配置实验拓扑如图 4-6 所示。

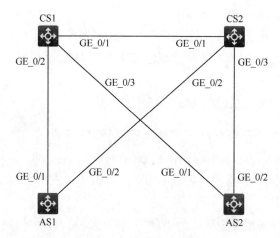

图 4-6　MSTP 配置实验拓扑

（二）实验需求

（1）如图 4-6 所示，某地电网公司办公楼 3 楼两台接入交换机 AS1 和 AS2 双上行连接到两台楼层汇聚交换机 CS1 和 CS2。现需要通过配置单域 MSTP 来保障网络无环。

（2）两台接入交换机下都存在 VLAN 1-VLAN 10，共 10 个业务 VLAN。需要规划 MSTP 使 VLAN 1-VLAN 5 的流量，发往 CS1 访问外部网络；VLAN 6-VLAN 10 的流量发往 CS2 访问外部网络（本拓扑中暂不涉及外部网络）。并且当 CS1 或 CS2 发生故障后，流量能自动切换到另一台汇聚交换机。

（三）实验步骤

（1）按照实验拓扑，修改设备名称，命令（略）。

（2）为了配置 MSTP，需要先进行准备工作。在所有交换机上创建 VLAN 1-VLAN 10，并将所有交换机之间相连的接口配置为 Trunk 类型，并放行 VLAN 1-VLAN 10。四台交换机的配置命令一致，这里只展示 AS1 的配置。

```
[AS1]vlan 1 to 10                      //创建 VLAN 1-VLAN 10
[AS1]interface range g1/0/1 g1/0/2 //进入 G1/0/1 和 G1/0/2 口的批量配
                                        置视图
[AS1-if-range]port link-type trunk //配置接口为 Trunk 类型
[AS1-if-range]port trunk permit vlan 1 to 10
                                        //配置 Trunk 放行 VLAN 1-VLAN 10
```

（3）由于要求配置单域 MSTP，因此需要保证所有交换机的域配置一致。也就是域名、修订级别、VLAN 与实例映射关系一致。由于所有交换机配置命令一致，因此这里只展示 AS1 的域配置。

```
[AS1]stp region-configuration            //进入 MSTP 域配置视图
[AS1-mst-region]region-name 3floor       //配置域名为 3floor
[AS1-mst-region]revision-level 1         //配置修订级别为 1
[AS1-mst-region]instance 1 vlan 1 to 5 //创建实例 1 映射 VLAN 1-VLAN 5
[AS1-mst-region]instance 2 vlan 6 to 10 //创建实例 2 映射 VLAN 6-VLAN 10
[AS1-mst-region]active region-configuration  //激活 MSTP 域配置
```

（4）要求 VLAN 1-VLAN 5 的流量，发往 CS1 访问外部网络，VLAN 6-VLAN 10 的流量发往 CS2 访问外部网络。所以需要指定 CS1 为 Instance1 的主要根网桥，CS2 为 Instance2 的主要根网桥。并且要求当 CS1 和 CS2 互为备份。也就意味着需要指定 CS2 为 Instance1 的备份根网桥，CS1 为 Instance2 的备份根网桥。

```
[CS1]stp instance 1 root primary    //配置 CS1 为 Instance1 的主要根网桥
[CS1]stp instance 2 root secondary //配置 CS1 为 Instance2 的备份根网桥

[CS2]stp instance 2 root primary    //配置 CS2 为 Instance2 的主要根
                                        网桥
[CS2]stp instance 1 root secondary //配置 CS2 为 Instance1 的备份根
                                        网桥
```

（四）结果验证

（1）在所有交换机上查看 STP 端口状态，确定没有 STP State 为 MAST 的接口，如果存在 MAST 的接口，则说明出现了多域，与需求不符。同时也能发现，在 Instance1 中，AS1 的 G1/0/2 口和 AS2 的 G1/0/2 口被阻塞，说明 Instance1 中关联的 VLAN 流量会发往 CS1，而在 Instance2 中，AS1 的 G1/0/1 口和 AS2 的 G1/0/1 口被阻塞，说明 Instance2 中关联的 VLAN 流量会发往 CS2。

```
[AS1]display stp brief
 MST ID   Port                        Role    STP State    Protection
 0        GigabitEthernet1/0/1        ROOT    FORWARDING        NONE
 0        GigabitEthernet1/0/2        ALTE    DISCARDING        NONE
 1        GigabitEthernet1/0/1        ROOT    FORWARDING        NONE
 1        GigabitEthernet1/0/2        ALTE    DISCARDING        NONE
 2        GigabitEthernet1/0/1        ALTE    DISCARDING        NONE
 2        GigabitEthernet1/0/2        ROOT    FORWARDING        NONE


[AS2]display stp brief
 MST ID   Port                        Role    STP State    Protection
 0        GigabitEthernet1/0/1        ROOT    FORWARDING        NONE
 0        GigabitEthernet1/0/2        ALTE    DISCARDING        NONE
 1        GigabitEthernet1/0/1        ROOT    FORWARDING        NONE
 1        GigabitEthernet1/0/2        ALTE    DISCARDING        NONE
 2        GigabitEthernet1/0/1        DESI    FORWARDING        NONE
 2        GigabitEthernet1/0/2        DESI    FORWARDING        NONE


[CS1]display stp brief
 MST ID   Port                        Role    STP State    Protection
 0        GigabitEthernet1/0/1        DESI    FORWARDING        NONE
 0        GigabitEthernet1/0/2        DESI    FORWARDING        NONE
 0        GigabitEthernet1/0/3        DESI    FORWARDING        NONE
 1        GigabitEthernet1/0/1        DESI    FORWARDING        NONE
 1        GigabitEthernet1/0/2        DESI    FORWARDING        NONE
 1        GigabitEthernet1/0/3        DESI    FORWARDING        NONE
 2        GigabitEthernet1/0/1        ROOT    FORWARDING        NONE
 2        GigabitEthernet1/0/2        DESI    FORWARDING        NONE
 2        GigabitEthernet1/0/3        DESI    FORWARDING        NONE


[CS2]display stp brief
 MST ID   Port                        Role    STP State    Protection
 0        GigabitEthernet1/0/1        ROOT    FORWARDING        NONE
```

```
0          GigabitEthernet1/0/2          DESI    FORWARDING    NONE
0          GigabitEthernet1/0/3          DESI    FORWARDING    NONE
1          GigabitEthernet1/0/1          ROOT    FORWARDING    NONE
1          GigabitEthernet1/0/2          DESI    FORWARDING    NONE
1          GigabitEthernet1/0/3          DESI    FORWARDING    NONE
2          GigabitEthernet1/0/1          DESI    FORWARDING    NONE
2          GigabitEthernet1/0/2          DESI    FORWARDING    NONE
2          GigabitEthernet1/0/3          DESI    FORWARDING    NONE
```

（2）在任意一台交换机上查看根网桥状态，可以发现 Instance1 与 Instance2
的根网桥分别使 CS1 和 CS2。

```
[CS1]display stp root              //查看 STP 根网桥信息
MST ID    Root Bridge ID        ExtPathCost IntPathCost Root Port
0         32768.88d0-27d4-0100  0           0
1         0.88d0-27d4-0100      0           0
2         0.88d0-2dd1-0200      0           20          GE1/0/1
```

（3）手动停止 CS1 设备运行，可以发现 Instance1 的根网桥也切换为了 CS2。

```
[CS2]display stp root
MST ID    Root Bridge ID        ExtPathCost IntPathCost Root Port
0         32768.88d0-2dd1-0200  0           0
1         4096.88d0-2dd1-0200   0           0
2         0.88d0-2dd1-0200      0           0
```

第五章 DHCP 协议

第一节 DHCP 技术原理

一、DHCP 协议介绍

前面章节中提到，要实现网络中主机的互通，需要给每台主机配置 IP 地址。如果每台主机的 IP 地址都靠管理员手动配置的话，工作会太过繁琐。而且一旦配置了错误或重复的 IP 地址，还容易造成网络故障。在企业网络中，一般会使用 DHCP 来为主机自动分配 IP 地址。

DHCP 是动态主机配置协议，能够动态的为主机分配 IP 地址，并设定主机的其他相关信息，例如网关地址、DNS 服务器地址等。DHCP 协议通过广播来完成地址获取的交互。工作原理如下。

（1）如图 5-1 所示，当客户端主机上线后，如果 IP 地址的获取方式被配置为自动获得的话，就会主动发出 Discover 消息，去询问网络中是否存在 DHCP 服务器。该消息是以全网广播形式发送的，目的地址是 255.255.255.255。

图 5-1　DHCP 工作原理（一）

（2）如图 5-2 所示，当 DHCP 服务器收到 Discover 消息后，就会从地址池中选出一个地址，通过 Offer 消息发送给客户端。地址池是管理员手动配置的可以被分配给主机的 IP 地址范围。该消息仍然以全网广播形式发送，目的地址是 255.255.255.255。

图 5-2 DHCP 工作原理（二）

（3）如图 5-3 所示，当客户端收到服务器的 Offer 消息后，再向服务器发送 Request 消息，请求服务器准许使用该地址。该消息仍然以全网广播形式发送，目的地址是 255.255.255.255。

图 5-3 DHCP 工作原理（三）

（4）如图 5-4 所示，当服务器收到 Request 消息后，如果确认该地址可以使用，则向客户端发送 ACK 消息，同意该请求。该消息仍然以全网广播形式发送，目的地址是 255.255.255.255。如果有多台客户端同时向服务器请求同一个地址，按照先来先得的原则，服务器对后来的请求会发送 NAK 消息表示拒绝。

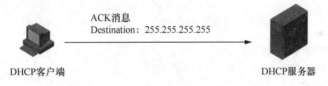

图 5-4 DHCP 工作原理（四）

（5）客户端收到服务器的 ACK 消息后，会发送免费 ARP 报文，检测网络中是否有其他主机也在使用该地址，如果没有，才会最终开始使用请求的 IP 地址。

DHCP 分配给主机的 IP 地址都带有租期。客户端开始使用 IP 地址时，租期开始计时。当租期到达 50%时，如果客户端在线，客户端会主动向服务器发送租约更新请求。服务器同意请求后，客户端会把租期刷新到 100%。如果客户端错过了租期 50%的时间点，会继续在租期到达 87.5%时向服务器发送租约更新请求。服务器同意请求后，客户端仍然会把租期刷新到 100%。而如果这次的时间点也错过了，当租期计时完毕后，客户端将自动释放当前获得的 IP 地址，并重新向

DHCP 服务器请求地址。

二、DHCP 相关命令

- **dhcp enable**

功能：该命令用于开启 DHCP 服务功能。

解释：H3C 的三层设备支持作为 DHCP 服务器，DHCP 服务器功能默认关闭。

举例：开启 DHCP 服务功能。

```
[H3C]dhcp enable
```

- **dhcp server ip-pool** {pool-name}

功能：该命令用于创建 DHCP 地址池。

解释：pool-name 为地址池名称，可使用字母和数字自定义。

举例：创建配电部的 DHCP 地址池，命名为 peidianbu。

```
[H3C]dhcp server ip-pool peidianbu
```

- **network** {ip-address} {mask}

功能：该命令用于配置地址池所属的网段。

解释：ip-address 为网络地址，mask 为子网掩码。该命令只能在地址池视图使用。

举例：配置配电部的 DHCP 地址池的所属网段为 192.168.1.0/24 网段。

```
[H3C-dhcp-pool-peidianbu]network 192.168.1.0/24
```

- **gateway-list** {ip-address}

功能：该命令用于配置为主机分配的网关地址。

解释：ip-address 为网关地址。该命令只能在地址池视图使用。

举例：配置配电部的 DHCP 地址池分配网关地址为 192.168.1.254。

```
[H3C-dhcp-pool-peidianbu]gateway-list 192.168.1.254
```

- **dns-list** {ip-address}

功能：该命令用于配置为主机分配的 DNS 服务器地址。

解释：ip-address 为 DNS 服务器地址。该命令只能在地址池视图使用。

举例：配置配电部的 DHCP 地址池分配 DNS 服务器地址为 114.114.114.114 和 8.8.8.8。

```
[H3C-dhcp-pool-peidianbu]gateway-list 114.114.114.114 8.8.8.8
```

- **expired day** {days} **hour** {hours}

功能：该命令用于配置 DHCP 地址池的租期时间。

解释：days 为天数，hours 为小时数。默认租期为 1 天。该命令只能在地址池视图使用。

举例：配置配电部的 DHCP 地址池租期为 4h。

```
[H3C-dhcp-pool-peidianbu]expired day 0 hour 4
```

- **dhcp server forbidden-ip** {start-ip-address} {end-ip-address}

功能：该命令用于配置 DHCP 的排除地址。

解释：被排除的 IP 地址不会分配给主机，start-ip-address 为排除地址范围的起始地址，end-ip-address 为排除地址范围的结束地址，该命令在系统视图使用。

举例：配置 DHCP 服务器不分配 192.168.1.1-192.168.1.10 范围的地址。

```
[H3C]dhcp server forbidden-ip 192.168.1.1 192.168.1.10
```

- **display dhcp server pool** [pool-name]

功能：该命令用于查看 DHCP 服务器的地址池信息。

解释：不输入 pool-name 是查看所有地址池信息，输入某个地址池的 pool-name 只查看某个地址池信息。

举例：查看全部 DHCP 地址池信息。

```
[H3C]display dhcp server pool
Pool name: peidianbu
  Network: 192.168.1.0 mask 255.255.255.0
  dns-list 114.114.114.114 8.8.8.8
  expired day 1 hour 0 minute 0 second 0
  reserve expired-ip enable
  reserve expired-ip mode client-id time 4294967295 limit 256000
```

- **display dhcp server ip-in-use**

功能：该命令用于当前 DHCP 服务器已分配的 IP 地址信息。

解释：IP address 为已分配的 IP 地址，Client identifier 为获取相应 IP 地址主机的 MAC 地址，Lease expiration 为地址租约到期时间。

举例：查看当前 DHCP 服务器已分配的 IP 地址信息。

```
[H3C]display dhcp server ip-in-use
IP address     Client identifier/    Lease expiration     Type
               Hardware address
```

```
192.168.1.11   0061-6336-352e-3265-   Sep  3 15:38:25 2023  Auto(C)
               3036-2e30-6130-362d-
               4745-302f-302f-31
192.168.2.11   0061-6336-352e-3331-   Sep  3 15:38:32 2023  Auto(C)
               3765-2e30-6230-362d-
               4745-302f-302f-31
```

三、DHCP 配置实验

（一）实验拓扑

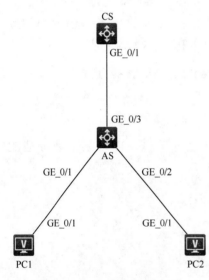

图 5-5　DHCP 配置实验拓扑

DHCP 配置实验拓扑如图 5-5 所示。

（二）实验需求

（1）如图 5-5 所示，某地电网公司办公楼 3 楼某台接入交换机 AS 下连配电部和营销部的 PC，上联楼层汇聚交换机。汇聚交换机是各部门 PC 的网关设备。要求在汇聚交换机上配置 DHCP 服务，使配电部和营销部的 PC 能够自动获取对应的 IP 地址信息。

（2）配电部规划在 VLAN 10，IP 网段为 192.168.1.0/24。营销部规划在 VLAN 20，IP 网段为 192.168.2.0/24。详细 IP 地址配置如表 5-1 所示。

表 5-1　DHCP 配置实验 IP 地址表

设备	接口	VLAN	IP 地址	网关地址	部门
PC1	/	10	DHCP	192.168.1.254	配电部
PC2	/	20	DHCP	192.168.2.254	营销部
CS	VLAN 10	/	192.168.1.254/24	/	配电部网关
	VLAN 20	/	192.168.2.254/24	/	营销部网关

（3）由于两个部门的人员位置比较固定，不会频繁变动，因此 DHCP 的租期可以稍长一点，设置为 4 天。

（4）配电部和营销部的网段中，主机位 1-10 的 IP 地址由于有特殊用途，不允许分配给主机。

（三）实验步骤

（1）按照实验拓扑，修改设备名称，命令略。

（2）在 AS 上创建 VLAN 10 和 VLAN 20，把连接 PC1 的接口加入 VLAN 10，连接 PC2 的接口加入 VLAN 20。把 G1/0/3 口配置为 Trunk 类型，并放行 VLAN 10 和 VLAN 20。

```
[AS]vlan 10
[AS-vlan10]port g1/0/1
[AS-vlan10]vlan 20
[AS-vlan20]port g1/0/2
[AS]interface g1/0/3
[AS-GigabitEthernet1/0/3]port link-type trunk
[AS-GigabitEthernet1/0/3]port trunk per vlan 10 20
```

（3）在 CS 上创建 VLAN 10 和 VLAN 20，把 G1/0/1 口配置为 Trunk 类型，并放行 VLAN 10 和 VLAN 20。

```
[CS]vlan 10
[CS-vlan10]vlan 20
[CS]interface g1/0/1
[CS-GigabitEthernet1/0/1]port link-type trunk
[CS-GigabitEthernet1/0/1]port trunk permit vlan 10 20
```

（4）在 CS 上创建 VLAN 10 和 VLAN 20 的三层接口，并按表 5-1 配置 IP 地址。该地址分别是 VLAN 10 和 VLAN 20 的网关地址。注：VLAN 三层接口需要使用三层交换机。关于三层交换机的内容将在后续章节中讲解，HCL 模拟器中的交换机都是三层交换机，这里只需按照演示配置即可。配置完成后查看三层接口状态，IP 地址与状态都正常则配置成功。

```
[CS]interface vlan 10
[CS-Vlan-interface10]ip address 192.168.1.254 24
[CS]interface vlan 20
[CS-Vlan-interface20]ip address 192.168.2.254 24

[CS]display ip interface brief
*down: administratively down
(s): spoofing  (l): loopback
Interface          Physical Protocol IP Address      Description
MGE0/0/0           down     down     --              --
Vlan10             up       up       192.168.1.254   --
Vlan20             up       up       192.168.2.254   --
```

（5）在 CS 上开启 DHCP 服务，创建配电部的地址池，配置网络地址为 192.168.1.0/24 网段，网关地址为 192.168.1.254，DNS 服务器地址为 114.114.114.114 和 8.8.8.8。租期为 4 天。

```
[CS]dhcp enable            //开启 DHCP 服务
[CS]dhcp server ip-pool peidianbu      //创建配电部的 DHCP 地址池
[CS-dhcp-pool-peidianbu]network 192.168.1.0 24 //配置地址池网络地址
[CS-dhcp-pool-peidianbu]gateway-list 192.168.1.254   //配置地址池网
                                                  关地址
[CS-dhcp-pool-peidianbu]dns-list 114.114.114.114 8.8.8.8
                                      //配置地址池 DNS 服务器地址
[CS-dhcp-pool-peidianbu]expired day 4   //配置地址池租期
```

（6）在 CS 上创建营销部的地址池，配置网络地址为 192.168.2.0/24 网段，网关地址为 192.168.2.254，DNS 服务器地址为 114.114.114.114 和 8.8.8.8。租期为 4 天。

```
[CS]dhcp enable                  //开启 DHCP 服务
[CS]dhcp server ip-pool yingxiaobu        //创建营销部的 DHCP 地址池
[CS-dhcp-pool-yingxiaobu]network 192.168.2.0 24
                                     //配置地址池网络地址
[CS-dhcp-pool-yingxiaobu]gateway-list 192.168.2.254
                                     //配置地址池网关地址
[CS-dhcp-pool-yingxiaobu]dns-list 114.114.114.114 8.8.8.8
                                     //配置地址池 DNS 服务器地址
[CS-dhcp-pool-yingxiaobu]expired day 4 //配置地址池租期
```

（7）在 CS 上配置 DHCP 排除地址为 192.168.1.1-192.168.1.10，192.168.2.1-192.168.2.10。

```
[CS]dhcp server forbidden-ip 192.168.1.1 192.168.1.10
[CS]dhcp server forbidden-ip 192.168.2.1 192.168.2.10
```

（四）结果验证

（1）如图 5-6、图 5-7 所示，在 PC 上开启接口，把 IPv4 配置设置为 DHCP，启用后确认可以获得 IP 地址，且获得的 IP 地址跳过了主机位 1~10 号地址。需要注意的是，由于模拟器的原因，此处获取地址需要等待 1min 左右，可多刷新几次测试。同样由于模拟器原因，PC 上只能看到获取的 IP 地址，并无法看到获取的网关地址和 DNS 地址，但实际上配置是没有问题的。

图 5-6 PC1 获取 IP 地址

图 5-7 PC2 获取 IP 地址

（2）在 CS 上查看已分配的 IP 地址信息，可以查看到哪些主机获取了哪些地址。

```
[CS]display dhcp server ip-in-use
IP address      Client identifier/      Lease expiration       Type
                Hardware address
192.168.1.11    0038-6161-352e-3236-    May 28 16:25:58 2023   Auto(C)
```

```
                6363-2e30-3330-362d-
                4745-302f-302f-31
192.168.2.11    0038-6161-352e-3262-   May 28 16:29:30 2023   Auto(C)
                3431-2e30-3430-362d-
                4745-302f-302f-31
```

第二节　DHCP 中 继 技 术

一、DHCP 中继技术原理

前面章节中提到，DHCP 协议是通过广播来实现地址获取的交互。按照 IP 设计的一般规则，一个广播域对应一个 IP 网段。所以大部分情况下都会把 DHCP 服务部署在终端 PC 的网关设备上，也就是汇聚交换机上，只有这样才能确保 DHCP 服务器与 PC 在同一个网段，同一个广播域。

而在某些复杂场景中，全网的 IP 地址可能会专门规划一台 DHCP 服务器来统一管理。如图 5-8 所示，企业局域网中所有网段的 IP 地址分配都由一台专门的 DHCP 服务器来负责，该服务器旁挂在核心交换机的一侧。前面多次提到，汇聚层到核心层一般会设计成三层网络，也就是说核心交换机与终端 PC 不在一个网段。所以结果就是 DHCP 服务器与终端 PC 也不在同一个网段，不在同一个广播域。

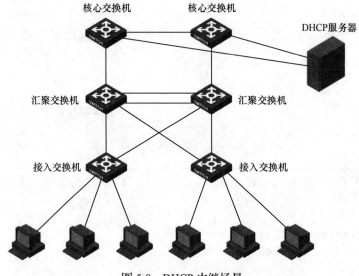

图 5-8　DHCP 中继场景

在这种场景中，由于广播报文不能跨广播域传输，所以常规的 DHCP 服务无法实现地址自动分配。这时我们需要的就是 DHCP 中继技术。

DHCP 中继是用于实现跨广播域自动分配 IP 地址的技术。值得注意的是，DHCP 中继并不是配置在 DHCP 服务器上，而是配置在终端 PC 的网关设备上，所以 DHCP 中继设备可以收到 PC 发出的广播 DHCP 消息，当网关设备开启 DHCP 中继功能后，就能把从连接 PC 一侧的端口上收到的 DHCP 广播 Discover 和 Request 消息转换成单播并发送给 DHCP 服务器；同时把从连接 DHCP 服务器一侧的端口上收到的 DHCP 单播 Offer 和 ACK 消息转换成广播再发送给 PC。这样一来 DHCP 中继设备就能像中间人一样，使 PC 和 DHCP 服务器之间能够完成交互。

二、DHCP 中继相关命令

- **dhcp select relay**

功能：该命令用于开启接口的 DHCP 中继功能。

解释：该功能需要在网关设备连接 PC 一侧的接口上开启。如果网关设备是三层交换机，则需要在业务 VLAN 的三层接口视图下开启。

举例：在 VLAN 10 的三层接口下开启 DHCP 中继功能。

```
[H3C-Vlan-interface10]dhcp select relay
```

- **dhcp relay server-address** {ip-address}

功能：该命令用于在 DHCP 中继设备上指定 DHCP 服务器的 IP 地址。

解释：ip-address 为 DHCP 服务器的 IP 地址。该命令需要在网关设备连接 PC 一侧的接口上配置。如果网关设备是三层交换机，则需要在业务 VLAN 的三层接口视图下配置。

举例：指定把 VLAN 10 收到的 DHCP 消息转发至 DHCP 服务器地址 192.168.1.1。

```
[H3C-Vlan-interface10]dhcp relay server-address 192.168.1.1
```

三、DHCP 中继配置实验

（一）实验拓扑

DHCP 中继配置实验拓扑如图 5-9 所示。

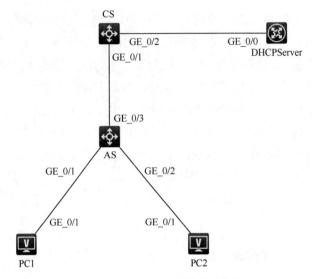

图 5-9　DHCP 中继配置实验拓扑

（二）实验需求

（1）如图 5-9 所示，某地电网公司办公楼 3 楼某台接入交换机 AS 下连配电部和营销部的 PC，上连楼层汇聚交换机。汇聚交换机是各部门 PC 的网关设备。网络中专门规划一台 DHCP 服务器，旁挂在汇聚交换机一侧。

（2）配电部规划在 VLAN 10，IP 网段为 192.168.1.0/24。营销部规划在 VLAN 20，IP 网段为 192.168.2.0/24。详细 IP 地址配置如表 5-2 所示。

（3）由于两个部门的人员流动性较大，因此 DHCP 的租期需要短一点，设置为 8h。

（4）在汇聚交换机上配置 DHCP 中继，使 DHCP 服务器能够为两个部门的 PC 分配 IP 地址。

表 5-2　DHCP 配置实验 IP 地址表

设备	接口	VLAN	IP 地址	网关地址	部门
PC1	/	10	DHCP	192.168.1.254	配电部
PC2	/	20	DHCP	192.168.2.254	营销部
CS	VLAN 10	/	192.168.1.254/24	/	配电部网关
	VLAN 20	/	192.168.2.254/24	/	营销部网关
	G1/0/2	100	/	/	/
	VLAN 100	/	192.168.3.254/24	/	/
DHCP Server	G0/0	/	192.168.3.1/24	192.168.3.254	/

（三）实验步骤

（1）按照实验拓扑，修改设备名称，命令略。

（2）在 AS 上创建 VLAN 10 和 VLAN 20，把连接 PC1 的接口加入 VLAN 10，连接 PC2 的接口加入 VLAN 20。把 G1/0/3 口配置为 Trunk 类型，并放行 VLAN 10 和 VLAN 20。

```
[AS]vlan 10
[AS-vlan10]port g1/0/1
[AS-vlan10]vlan 20
[AS-vlan20]port g1/0/2
[AS]interface g1/0/3
[AS-GigabitEthernet1/0/3]port link-type trunk
[AS-GigabitEthernet1/0/3]port trunk per vlan 10 20
```

（3）在 CS 上创建 VLAN 10 和 VLAN 20，把 G1/0/1 口配置为 Trunk 类型，并放行 VLAN 10 和 VLAN 20。

```
[CS]vlan 10
[CS-vlan10]vlan 20
[CS]interface g1/0/1
[CS-GigabitEthernet1/0/1]port link-type trunk
[CS-GigabitEthernet1/0/1]port trunk permit vlan 10 20
```

（4）在 CS 上创建 VLAN 10 和 VLAN 20 的三层接口，并按表 5-2 配置 IP 地址。该地址分别是 VLAN 10 和 VLAN 20 的网关地址。

```
[CS]interface vlan 10
[CS-Vlan-interface10]ip address 192.168.1.254 24
[CS]interface vlan 20
[CS-Vlan-interface20]ip address 192.168.2.254 24

[CS]display ip interface brief
*down: administratively down
(s): spoofing (l): loopback
Interface          Physical Protocol IP Address     Description
MGE0/0/0           down     down     --             --
Vlan10             up       up       192.168.1.254  --
Vlan20             up       up       192.168.2.254  --
```

（5）在 CS 上创建 VLAN100，把连接 DHCP 服务器的 G1/0/2 口加入 VLAN 100，并为 VLAN 100 创建三层接口，按照表 5-2 配置 IP 地址。该地址用于作为 DHCP 服务器的网关。

```
[CS]vlan 100
[CS-vlan100]port g1/0/2
[CS]interface vlan 100
[CS-Vlan-interface100]ip address 192.168.3.254 24
```

（6）按照表 5-2，在 DHCP Server 上配置 IP 地址，并配置默认路由。由于这里是用 H3C 路由器模拟 DHCP Server，因此路由器无法配置网关，只能通过配置默认路由的方式来实现配置网关的效果。

```
[DHCPServer]interface g0/0
[DHCPServer-GigabitEthernet0/0]ip address 192.168.3.1 24
[DHCPServer]ip route-static 0.0.0.0 0 192.168.3.254  //配置缺省路由
```

（7）在 DHCP Server 上开启 DHCP 服务，创建配电部的地址池，配置网络地址为 192.168.1.0/24 网段，网关地址为 192.168.1.254，DNS 服务器地址为 114.114.114.114 和 8.8.8.8，租期为 8h。

```
[CS]dhcp enable                              //开启 DHCP 服务
[CS]dhcp server ip-pool peidianbu    //创建配电部的 DHCP 地址池
[CS-dhcp-pool-peidianbu]network 192.168.1.0 24 //配置地址池网络地址
[CS-dhcp-pool-peidianbu]gateway-list 192.168.1.254
                                         //配置地址池网关地址
[CS-dhcp-pool-peidianbu]dns-list 114.114.114.114 8.8.8.8
                                         //配置地址池 DNS 服务器地址
[CS-dhcp-pool-peidianbu]expired day 0 hour 8       //配置地址池租期
```

（8）在 DHCP Server 上创建营销部的地址池，配置网络地址为 192.168.2.0/24 网段，网关地址为 192.168.2.254，DNS 服务器地址为 114.114.114.114 和 8.8.8.8，租期为 8h。

```
[CS]dhcp enable                              //开启 DHCP 服务
[CS]dhcp server ip-pool yingxiaobu //创建营销部的 DHCP 地址池
[CS-dhcp-pool-yingxiaobu]network 192.168.2.0 24
                                         //配置地址池网络地址
[CS-dhcp-pool-yingxiaobu]gateway-list 192.168.2.254
                                         //配置地址池网关地址
[CS-dhcp-pool-yingxiaobu]dns-list 114.114.114.114 8.8.8.8
```

　　//配置地址池 DNS 服务器地址

`[CS-dhcp-pool-yingxiaobu]`**`expired day 0 hour 8`**　//配置地址池租期

　　（9）在 CS 上开启 DHCP 服务后，在 VLAN 10 三层接口下开启 DHCP 中继，并配置 DHCP 服务器的 IP 地址为 192.168.3.1。

```
[CS]dhcp enable
[CS]interface vlan 10                  //进入 VLAN 10 三层接口视图
[CS-Vlan-interface10]dhcp select relay //开启该接口 DHCP 中继功能
[CS-Vlan-interface10]dhcp relay server-address 192.168.3.1
                                       //配置 DHCP 服务器地址
```

　　（10）在 CS 的 VLAN 20 三层接口下开启 DHCP 中继，并配置 DHCP 服务器的 IP 地址为 192.168.3.1。

```
[CS]interface vlan 20                  //进入 VLAN 20 三层接口视图
[CS-Vlan-interface20]dhcp select relay //开启该接口 DHCP 中继功能
[CS-Vlan-interface20]dhcp relay server-address 192.168.3.1
                                       //配置 DHCP 服务器地址
```

（四）结果验证

　　如图 5-10、图 5-11 所示，在 PC 上开启接口，把 IPv4 配置设置为 DHCP，启用后确认可以跨广播域获得 IP 地址。

图 5-10　PC1 中继获取 IP 地址

图 5-11　PC2 中继获取 IP 地址

第三节　DHCP Snooping 技术

一、DHCP Snooping 技术原理

在企业网络中，DHCP 是一个基础协议，它保障了主机及各网络设备获取正确的 IP 地址。也正是因为 DHCP 是一个基础协议，所以一旦该协议存在安全问题，将会影响所有基于 IP 的上层通信和应用。

由于 DHCP 的报文默认是基于广播的，因此如果在一个广播域中同时存在多台 DHCP 服务器，就有可能不同主机的 IP 地址是由不同服务器分配的，那么结果一定是 IP 地址混乱，从而引起各种网络问题。要解决这些问题，可以使用 DHCP Snooping 技术。

DHCP Snooping（DHCP 侦听）是 DHCP 协议的一个安全保护机制，运行在接入交换机之上，主要有两大功能：

（1）在连接 PC 的接入交换机上可以指定连接 DHCP 服务器一侧的接口为 Trust 接口。设置好后交换机只转发来自 Trust 接口的 DHCP Offer/ACK/NAK 消息。该功能主要用于防止私设 DHCP 服务器来干扰网络的正常运行。指定了正确的 Trust 接口后，假设有人恶意私设 DHCP 服务器连接到交换机上，由于连接的不是 Trust 接口，因此 PC 不会从私设的 DHCP 服务器上获取 IP 地址。

（2）交换机开启 DHCP Snooping 后，可以通过监听 DHCP 协议消息来获得主机的 IP 地址和 MAC 地址绑定关系。然后通过 IP Source Guard 来过滤源 IP 和源 MAC 地址与绑定关系不一致的报文。这样就可以实现不允许手动配置主机 IP 地址上网。在企业网络中可能需要对用户的行为进行审计和溯源，如果用户可以随意手动配置 IP 地址，在行为审计日志中根本无法判断实施某个行为的 IP 地址使用者具体是谁，通过 DHCP Snooping 的功能，就可使 IP 地址的拥有者身份具体可查。

二、DHCP Snooping 相关命令

- **dhcp snooping enable**

功能：该命令用于开启 DHCP Snooping 功能。

解释：DHCP Snooping 功能需要在连接终端主机的接入交换机上配置。

举例：开启 DHCP Snooping 服务功能。

```
[H3C]dhcp snooping enable
```

- **dhcp snooping trust**

功能：该命令用于配置 DHCP Snooping 的 Trust 接口。

解释：该命令需要在接口视图下使用。

举例：把交换机的 G1/0/1 口配置为 Trust 接口。

```
[H3C-GigabitEthernet1/0/1]dhcp snooping trust
```

- **dhcp snooping binding record**

功能：该命令用于启用接口的 DHCP Snooping 表项记录功能。

解释：使用该命令后，接口就会记录所连接的 PC 获取的 IP 地址与 MAC 地址的绑定关系。该命令需要在接口视图下使用。

举例：在交换机的 G1/0/1 口开启 DHCP Snooping 表项记录功能。

```
[H3C-GigabitEthernet1/0/1]dhcp snooping binding record
```

- **ip verify source ip-address mac-address**

功能：该命令用于过滤源 IP 和源 MAC 地址与绑定关系不一致的报文。

解释：该命令需要在接口视图下使用。

举例：在交换机的 G1/0/1 口开启过滤源 IP 和源 MAC 地址与绑定关系不一致的报文。

```
[H3C-GigabitEthernet1/0/1]ip verify source ip-address mac-address
```

● **display dhcp snooping binding**

功能：该命令用于查看 DHCP Snooping 表项记录。

解释：该命令需要在接口视图下使用。

举例：查看 DHCP Snooping 表项记录。

```
[H3C-GigabitEthernet1/0/1]display dhcp snooping binding
```

三、DHCP Snooping 配置实验

（一）实验拓扑

DHCP Snooping 配置实验拓扑如图 5-12 所示。

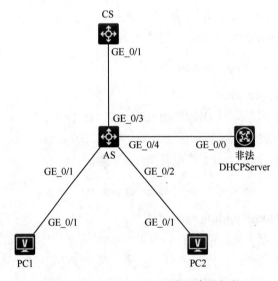

图 5-12　DHCP Snooping 配置实验拓扑

（二）实验需求

（1）如图 5-12 所示，某地电网公司办公楼 3 楼某台接入交换机 AS 下联配电部和营销部的 PC，上联楼层汇聚交换机。汇聚交换机是各部门 PC 的网关设备。要求在汇聚交换机上配置 DHCP 服务，使配电部和营销部的 PC 能够自动获取对应的 IP 地址信息。

（2）配电部规划在 VLAN 10，IP 网段为 192.168.1.0/24。营销部规划在 VLAN 20，IP 网段为 192.168.2.0/24。详细 IP 地址配置如表 5-3 所示。

（3）在接入交换机上配置 DHCP Snooping，防止私设 DHCP 服务器扰乱网络。并禁止 PC 手动配置 IP 地址上网。

（4）网络中存在一台私设的非法 DHCP 服务器作为效果测试使用。连接 AS 的接口规划到 VLAN 10。

表 5-3　DHCP Snooping 配置实验 IP 地址表

设备	接口	VLAN	IP 地址	网关地址	部门
PC1	/	10	DHCP	192.168.1.254	配电部
PC2	/	20	DHCP	192.168.2.254	营销部
CS	VLAN 10	/	192.168.1.254/24	/	配电部网关
	VLAN 20	/	192.168.2.254/24	/	营销部网关
非法 DHCP Server	G0/0	/	192.168.1.100/24	192.168.1.254	/

（三）实验步骤

（1）按照实验拓扑，修改设备名称，命令（略）。

（2）在 AS 上创建 VLAN 10 和 VLAN 20，把连接 PC1 和非法 DHCP Server 的接口加入 VLAN 10，连接 PC2 的接口加入 VLAN 20。把 G1/0/3 口配置为 Trunk 类型，并放行 VLAN 10 和 VLAN 20。

```
[AS]vlan 10
[AS-vlan10]port g1/0/1
[AS-vlan10]port g1/0/4
[AS-vlan10]vlan 20
[AS-vlan20]port g1/0/2
[AS]interface g1/0/3
[AS-GigabitEthernet1/0/3]port link-type trunk
[AS-GigabitEthernet1/0/3]port trunk per vlan 10 20
```

（3）在 CS 上创建 VLAN 10 和 VLAN 20，把 G1/0/1 口配置为 Trunk 类型，并放行 VLAN 10 和 VLAN 20。

```
[CS]vlan 10
[CS-vlan10]vlan 20
[CS]interface g1/0/1
[CS-GigabitEthernet1/0/1]port link-type trunk
[CS-GigabitEthernet1/0/1]port trunk permit vlan 10 20
```

（4）在 CS 上创建 VLAN 10 和 VLAN 20 的三层接口，并按表 5-3 配置 IP 地址。该地址分别是 VLAN 10 和 VLAN 20 的网关地址。

```
[CS]interface vlan 10
[CS-Vlan-interface10]ip address 192.168.1.254 24
[CS]interface vlan 20
[CS-Vlan-interface20]ip address 192.168.2.254 24

[CS]display ip interface brief
*down: administratively down
(s): spoofing  (l): loopback
Interface              Physical Protocol IP Address      Description
MGE0/0/0               down     down     --              --
Vlan10                 up       up       192.168.1.254   --
Vlan20                 up       up       192.168.2.254   --
```

（5）在 CS 上开启 DHCP 服务，创建配电部的地址池，配置网络地址为
192.168.1.0/24 网段，网关地址为 192.168.1.254。

```
[CS]dhcp enable          //开启 DHCP 服务
[CS]dhcp server ip-pool peidianbu    //创建配电部的 DHCP 地址池
[CS-dhcp-pool-peidianbu]network 192.168.1.0 24 //配置地址池网络地址
[CS-dhcp-pool-peidianbu]gateway-list 192.168.1.254 //配置地址池网
                                                    关地址
```

（6）在 CS 上创建营销部的地址池，配置网络地址为 192.168.2.0/24 网段，网
关地址为 192.168.2.254。

```
[CS]dhcp enable                        //开启 DHCP 服务
[CS]dhcp server ip-pool yingxiaobu     //创建营销部的 DHCP 地址池
[CS-dhcp-pool-yingxiaobu]network 192.168.2.0 24
                                       //配置地址池网络地址
[CS-dhcp-pool-yingxiaobu]gateway-list 192.168.2.254
                                       //配置地址池网关地址
```

（7）在 AS 上开启 DHCP Snooping 功能，并把 G1/0/3 口设置为 Trust 口。

```
[AS]dhcp snooping enable                   //开启 DHCP Snooping 功能

[AS]interface g1/0/3
[AS-GigabitEthernet1/0/3]dhcp snooping trust    //设置为 Trust 接口
```

（8）在 AS 连接 PC 的接口上开启 DHCP Snooping 记录表项功能，并开启报
文源 IP 和源 MAC 过滤。

```
[AS]interface g1/0/1
[AS-GigabitEthernet1/0/1]dhcp snooping binding record
                        //开启接口 DHCP Snooping 记录表项功能
```

```
[AS-GigabitEthernet1/0/1]ip verify source ip-address mac-address
                          //开启接口报文源 IP 和源 MAC 过滤功能

[AS]interface g1/0/2
[AS-GigabitEthernet1/0/2]dhcp snooping binding record
[AS-GigabitEthernet1/0/2]ip verify source ip-address mac-address
```

（四）结果验证

（1）配置非法 DHCP Server IP 地址，并开启 DHCP 服务为 VLAN 10 分配 IP 地址，设置地址池地址范围为 192.168.1.0/24 网段，排除地址 192.168.1.1-192.168.1.20。

```
[DHCP]interface g0/0
[DHCP-GigabitEthernet0/0]ip address 192.168.1.100 24

[DHCP]dhcp enable
[DHCP]dhcp server ip-pool peidianbu
[DHCP-dhcp-pool-peidianbu]network 192.168.1.0 24
[DHCP-dhcp-pool-peidianbu]gateway-list 192.168.1.100
[DHCP]dhcp server forbidden-ip 192.168.1.1 192.168.1.20
```

（2）如图 5-13、图 5-14 所示，PC 能够获取 CS 的 DHCP 服务分配的 IP 地址。且 PC1 获取的地址是 192.168.1.1，并不是 192.168.1.21，可以判断并没有获取到非法 DHCP Server 分配的 IP 地址。

图 5-13 PC1 获取 IP 地址

图 5-14　PC2 获取 IP 地址

（3）在 PC1 上 PING PC2，可以正常 PING 通。

```
<H3C>ping 192.168.2.1
Ping 192.168.2.1 (192.168.2.1): 56 data bytes, press CTRL_C to break
56 bytes from 192.168.2.1: icmp_seq=0 ttl=254 time=1.011 ms
56 bytes from 192.168.2.1: icmp_seq=1 ttl=254 time=1.083 ms
56 bytes from 192.168.2.1: icmp_seq=2 ttl=254 time=1.249 ms
56 bytes from 192.168.2.1: icmp_seq=3 ttl=254 time=1.143 ms
56 bytes from 192.168.2.1: icmp_seq=4 ttl=254 time=1.216 ms
```

（4）在 AS 上查看 DHCP Snooping 记录表项，可以发现 PC1 和 PC2 的 IP 与 MAC 地址绑定关系已经记录。

```
[H3C]display dhcp snooping binding    //查看 DHCP Snooping 记录表项
2 DHCP snooping entries found.
IP address        MAC address      Lease        VLAN SVLAN Interface
================  ===============  ============ =====
192.168.1.1       94cb-be66-0306 86048          10   N/A   GE1/0/1
192.168.2.1       94cb-c25f-0406 86399          20   N/A   GE1/0/2
```

（5）如图 5-15 所示，手动配置 PC1 的 IP 地址，之后 PC1 无法 PING 通 PC2。

```
<H3C>ping 192.168.2.1
Ping 192.168.2.1 (192.168.2.1): 56 data bytes, press CTRL_C to break
Request time out
Request time out
```

```
Request time out
Request time out
Request time out
```

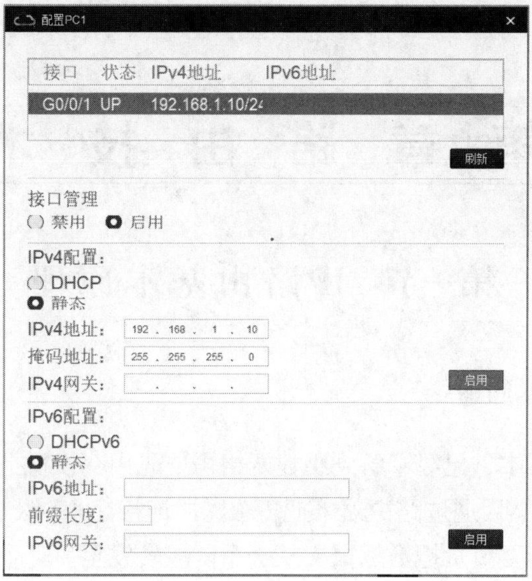

图 5-15　PC2 手动配置 IP 地址

第六章 路由技术

第一节 IP路由基本原理

一、路由基本原理

在之前的课程中，已经了解到组建网络需要先用交换机把 PC 连接起来组成一个一个的网段，然后通过路由器来把多个网段连接起来，组成一个大规模网络。也就是说，路由器要负责把数据报文从一个网段转发至另一个网段。

如图 6-1 所示，PC1 与 PC2 之间通过三台路由器连接，PC1 在 192.168.1.0/24 网段，PC2 在 192.168.2.0/24 网段。当 PC1 访问 PC2 时，发送的数据包目的 IP 为 192.168.2.1，源 IP 为 192.168.1.1。由于是跨网段的访问，因此 PC1 首先会把数据包发送给网关路由器，也就是 R1。R1 收到数据包后，会将数据包的目的 IP 地址在路由表中查询，路由表是路由器中记录"到达某个网段往哪个接口发送"的信息表。如果数据包的目的 IP 地址能够在路由表中匹配到某一条路由（匹配是指数据包的目的 IP 地址属于路由信息的目的网段地址），则路由器把数据包在对应的出接口发送。R1 在查询路由表时，发现数据包的目的 IP 地址能够匹配 192.168.2.0/24 网段的路由信息，于是把数据包从出接口 G0/1 口发出，数据包到达 R2。R2 与 R3 会继续按照同样的原理查表转发，最终数据包到达 PC2。

根据上述的说明，可以总结出两个 IP 网段要实现连通，需要满足一个必备条件：沿途所有路由器都需要具有到达目的网段的路由信息。当路由器将数据包的目的 IP 地址来查询路由表时，如果没有匹配的路由，将会丢弃数据包。所以但凡沿途的任何一台路由器没有去往目的网段的路由信息，双方网段都无法连通。另外需要注意的是，沿途路由器只需要到达目的网段的路由信息即可。假设 R2 与 R3 之间的互连网段是 10.1.1.0/24 网段。192.168.1.0/24 网段与

192.168.2.0/24 网段要连通，并不需要 R1 上具有到达 10.1.1.0/24 网段的路由信息。虽然数据转发的过程中经过了该网段，但也不需要路由器具有到达中间网段的路由信息。

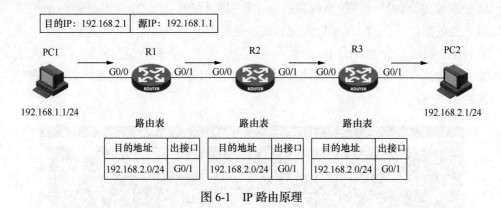

图 6-1　IP 路由原理

考虑到网络通信一定是双方有收有发，所以两个 IP 网段之间真正要实现互通，不仅需要沿途路由器去往目的网段的路由信息，也需要具有回到源网段的路由信息。以图 6-1 为例，R1、R2 与 R3 需要同时具有到达 192.168.1.0/24 网段和 192.168.2.0/24 网段的路由信息。

二、路由表介绍

路由器之所以能够把数据从一个网段正确的发往另外一个网段，主要是依靠路由表。路由表是路由器中一张记录到达某个网段如何转发的信息表。如图 6-2 所示，通过命令 display ip routing-table，可以查看路由器的路由表。其中 Destination/Mask 字段是本条路由的目的网段地址和子网掩码，Proto 是本条路由的来源，Pre 是路由的优先级，Cost 是路由的度量值。在网络中，路由器到达某个目的网段可能有多条路由，路由器会在其中选择出一条最近最快的路由来指导数据包的转发。Proto、Pre 和 Cost 都是用于路由优选的信息。Next-Hop 是下一跳地址，指的是数据包按照本条路由发出后，下一个到达的 IP 地址。就比如乘坐高铁从武汉到深圳，从武汉站出发后下一站是长沙，那么长沙就是这个下一跳地址。Interface 是本条路由的出接口，指的是到达目的网段应该从本路由器的哪个接口发出数据包。

在路由表中查询数据包的目的 IP 地址时，有两个查表规则需要掌握，第一个规则是最长掩码匹配规则，当目的 IP 在路由表中同时匹配多条掩码不一致的路由时，按照掩码最长的路由进行转发。比如路由表中存在到达 192.168.1.0/24

网段的路由和到达 192.168.0.0/16 网段的路由，数据包的目的 IP 地址是 192.168.1.56，由于该地址即属于 192.168.1.0/24 网段，又属于 192.168.0.0/16 网段，因此这两条路由会同时匹配该地址。由于 192.168.1.0/24 网段的掩码更长，因此路由器最终会按照到达这个网段的路由转发数据包。第二个规则是路由迭代规则，当数据包的目的 IP 地址匹配到某一条路由的下一跳地址非直连时，路由器会将下一跳地址作为目的 IP 地址再次查询路由表，直到查询到的路由下一跳是直连地址为止，这里的下一跳地址直连指的是该地址与本路由器直接相连，没有跨越其他网段。

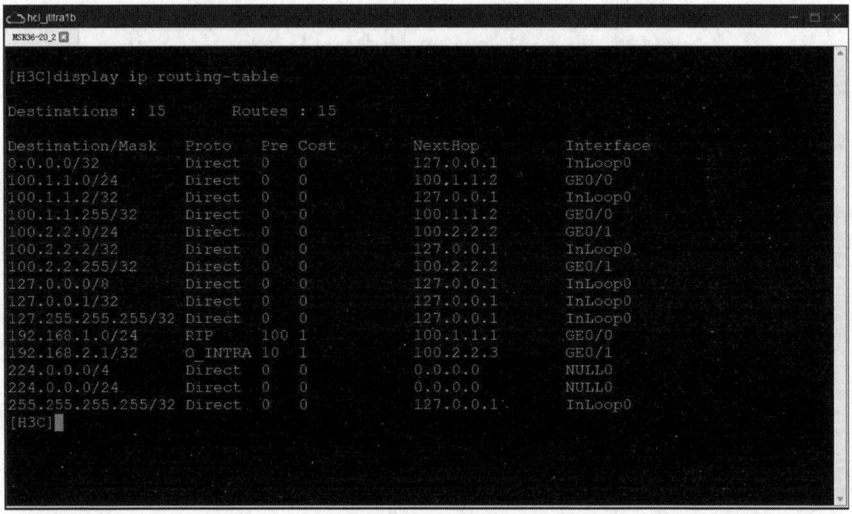

图 6-2　路由表

三、路由表的来源

前面提到，路由表中的 Proto 字段表示本条路由的来源，路由表中的路由总共有三种不同的来源，分别是直连路由、静态路由和动态路由协议。

（一）直连路由

路由器本机接口所在的网段会自动产生路由，该路由就是直连路由。假设路由器的 G0/0 口配置了 IP 地址 192.168.1.1/24，那么路由器会自动产生到达该接口地址所在网段的直连路由，目的地址是 192.168.1.0/24，出接口是 G0/0 口，下一跳地址为 192.168.1.1。当路由来源是直连路由时，路由表中的 Proto 字段描述为 Direct。

直连路由的产生只需要满足两个前提条件，一是接口状态为 UP，二是接口配置了 IP 地址。只要满足这两个条件，直连路由就能自动产生。

（二）静态路由

非路由器直连的网段不会自动产生路由，必须手动配置或通过路由协议学习。其中手动配置的到达某个网段往哪个接口转发的路由信息就是静态路由，当路由来源是静态路由时，路由表中的 Proto 字段描述为 Static。

当网络较小时，就可以完全手动配置静态路由来实现多网段互通，配置和维护都比较简单。而一旦网络规模较大，网段数量较多，路由器数量较多时，再全部手动配置静态路由的工作量就会非常大，而且管理起来也十分繁琐，这种情况就需要使用路由协议。

（三）动态路由协议

路由协议是指互相连接的路由器之间通过某种协议机制来建立邻居关系，并且把本机的路由信息发送给邻居学习，也从邻居那里学习到其发送过来的路由，这样一传十十传百，最终使所有路由器都能学习到与本机非直连的路由。

由于路由协议只需要前期进行简单的基本配置后，就能够完全自动发现建立邻居，自动发送和学习路由，并且当网络故障时还能自动重新计算新的路由。因此在大规模组网中，都会考虑使用路由协议来实现网络互通。

四、路由优选规则

当路由器中同时配置或学习到多条到达同一个目的网段的路由时，需要进行路由优选，优选规则如下。

（1）首先对比路由优先级，优先级数字越小越优先选择。

路由表中的 Pre 字段描述本条路由的优先级，优先级用来形容一条路由的可信程度，不同来源的路由自动产生不同的优先级，也可以手动修改路由的优先级，如表 6-1 所示，是 H3C 各来源路由的默认优先级。

表 6-1　路　由　优　先　级

路由来源	默认优先级
直连路由	0
OSPF 内部路由	10
IS-IS 路由	15

续表

路由来源	默认优先级
静态路由	60
RIP 路由	100
OSPF 外部路由	150
BGP 路由	255

（2）当多条路由的来源与优先级一致时，路由度量值小的优先选择。

路由表中的 Cost 自动描述本条路由的度量值，度量值是路由协议中衡量路由优差的标准，不同路由协议的度量值标准并不一样，比如 RIP 协议的度量值是跳数，每经过一台路由器是一跳，而 OSPF 的度量值是开销，开销是按照路径的带宽计算出的一个值，而无论度量值标准是什么，都是数字越小代表路由越优，值得注意的是，不同来源的路由并不会对比度量值。

（3）当多条路由的来源与优先级一致，度量值也一致时，每条路由都成为最优路由，形成等价路由。

当路由表中形成等价路由后，去往该目的网段的数据包会在每一条等价路由上实现负载分担（负载分担是指把数据流量按照某种规则尽量均匀的分担在每一条线路上）。

第二节　VLAN 间 路 由

一、VLAN 间路由的必要性

在前面的课程中，已经提到了企业常见的组网架构中，是通过接入交换机把各场地内的 PC 连接起来的。在该架构中就需要在接入交换机上划分 VLAN，把连接不同部门的接口加入到各自的 VLAN 中，各 VLAN 的 PC 在二层是隔离在不同广播域的，也无法在二层互通。但是需要注意的是，把不同 PC 划分到不同 VLAN 的目的本身不是为了使不同的 VLAN 间不能互访，而只是为了把不同的 PC 隔离到不同的广播域，来降低广播的影响范围，也就是说，在不同 VLAN 间的 PC 仍然是需要互相访问的，既然二层已经无法互访了，那么就只能通过三层的路由来实现互访了。

实现 VLAN 间路由的方法有很多，其中比较简单的方法如图 6-3 所示。使用一台路由器分别连接到接入交换机上的每个 VLAN，把路由器连接某个 VLAN 的接口的 IP 地址与该 VLAN 内所有 PC 的 IP 地址规划在同一个网段，把 PC 的网关地址配置为该 VLAN 内路由器的接口地址。这样一来，路由器会自动产生到达各网段的直连路由。当不同 VLAN 之间的 PC 互访时，会先把数据报文发往与源 PC 同 VLAN 中的网关地址，到达网关后再由路由器查询路由表并把数据包从连接目的 VLAN 的接口发出，到达与该接口同 VLAN 的目的 PC。

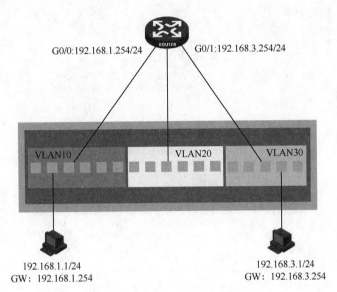

G0/0:192.168.1.254/24   G0/1:192.168.3.254/24

VLAN10   VLAN20   VLAN30

192.168.1.1/24
GW: 192.168.1.254

192.168.3.1/24
GW: 192.168.3.254

图 6-3   路由器实现 VLAN 间路由

二、单臂路由技术原理

上述方案中有一个很明显的缺陷，由于路由器的每一个接口都只能连接一个 VLAN，因此当交换机中的 VLAN 数量太多时，路由器的接口会明显不够用，就需要一种节省路由器接口数量的 VLAN 间路由方案，于是单臂路由方案出现了。

如图 6-4 所示，无论交换机中存在多少 VLAN，路由器都只通过一条线路与交换机相连，然后在路由器连接交换机的物理接口上划分为多个子接口。比如在 G0/0.1 口就是在 G0/0 口上划分出的 1 号子接口，不同子接口绑定至不同 VLAN，并按照绑定的 VLAN 来配置相应网段的 IP 地址作为各 VLAN 的网关，而交换机连接路由器的接口则配置为 Trunk 类型，允许所有 VLAN 通过。

这样一来路由器也会自动产生到达每个网段的直连路由，出接口是对应的子接口，当不同 VLAN 间的 PC 要互访时，会先把数据报文发往该 VLAN 的网关地址。由于交换机上去往网关的接口是 Trunk 类型，因此数据帧将会携带 VLAN 标签发往路由器。由于路由器的子接口已经绑定到了相关 VLAN，因此路由器就可以通过数据帧中的 VLAN 标签来判断应该交给哪个子接口来处理该帧。然后再查询路由表，把数据包从绑定目的 VLAN 的子接口发出，并且发出时携带该接口绑定的 VLAN 标签，交换机从 Trunk 接口收到携带 VLAN 标签的数据帧后，转发报文至目的 VLAN 的 PC。

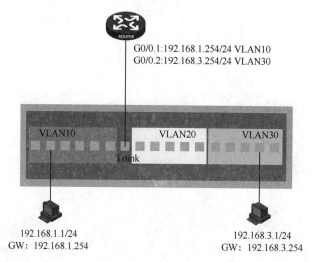

图 6-4　单臂路由

三、单臂路由配置实验

（一）实验拓扑

单臂路由配置实验拓扑如图 6-5 所示。

（二）实验需求

（1）如图 6-5 所示，某地电网公司办公楼 3 楼某台接入交换机 AS 下连配电部和营销部的 PC，上连楼层汇聚路由器，汇聚路由器是各部门 PC 的网关设备。

（2）配电部规划在 VLAN 10，IP 网段为 192.168.1.0/24，营销部规划在 VLAN 20，IP 网段为 192.168.2.0/24，详细 IP 地址配置见表 6-2。

（3）配置单臂路由，使配电部与营销部的 PC 可以跨 VLAN 实现三层互通。

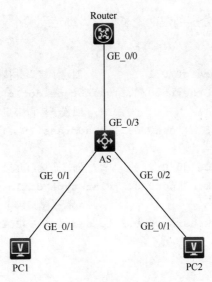

图 6-5　单臂路由配置实验拓扑

表 6-2　单臂路由配置实验 IP 地址表

设备	接口	VLAN	IP 地址	网关地址	部门
PC1	/	10	192.168.1.1/24	192.168.1.254	配电部
PC2	/	20	192.168.2.1/24	192.168.2.254	营销部
Router	G0/0.1	10	192.168.1.254/24	/	配电部网关
	G0/0.2	20	192.168.2.254/24	/	营销部网关

（三）实验步骤

（1）按照实验拓扑，修改设备名称，命令（略）。

（2）按照表 6-2 所示，为 PC1 和 PC2 配置 IP 地址和网关地址，截图（略）。

（3）在 AS 上创建 VLAN 10 和 VLAN 20，把连接 PC1 的接口加入 VLAN 10，连接 PC2 的接口加入 VLAN 20，把 G1/0/3 口配置为 Trunk 类型，并放行 VLAN 10 和 VLAN 20。

```
[AS]vlan 10
[AS-vlan10]port g1/0/1
[AS-vlan10]vlan 20
[AS-vlan20]port g1/0/2
[AS]interface g1/0/3
[AS-GigabitEthernet1/0/3]port link-type trunk
[AS-GigabitEthernet1/0/3]port trunk per vlan 10 20
```

（4）在 Router 上分别创建两个子接口，绑定到两个业务 VLAN，并配置 IP 地址作为网关。

```
[Router]interface g0/0.1                    //创建子接口并接入子接口的接口视图
[Router-GigabitEthernet0/0.1]vlan-type dot1q vid 10
                                            //配置子接口绑定 VLAN
[Router-GigabitEthernet0/0.1]ip address 192.168.1.254 24

[Router]interface g0/0.2                    //创建子接口并接入子接口的接口视图
[Router-GigabitEthernet0/0.2]vlan-type dot1q vid 20
                                            //配置子接口绑定 VLAN
[Router-GigabitEthernet0/0.2]ip address 192.168.2.254 24
```

（四）结果验证

（1）在 Router 上查看三层接口信息，检查子接口是否正常 UP，IP 地址是否生效。

```
[Router-GigabitEthernet0/0.2]display ip interface brief
*down: administratively down
(s): spoofing (l): loopback
Interface       Physical Protocol IP address/Mask     VPN instance
Description
GE0/0           up       up        --                 --            --
GE0/0.1         up       up        192.168.1.254/24   --            --
GE0/0.2         up       up        192.168.2.254/24   --            --
GE0/1           down     down      --                 --            --
GE0/2           down     down      --                 --            --
GE5/0           down     down      --                 --            --
```

（2）在 Router 上查看路由表，检查是否自动产生各个网段的直连路由。

```
[Router]display ip routing-table

Destinations : 13     Routes : 13

Destination/Mask   Proto    Pre Cost      NextHop        Interface
0.0.0.0/32         Direct   0   0         127.0.0.1      InLoop0
127.0.0.0/8        Direct   0   0         127.0.0.1      InLoop0
127.0.0.1/32       Direct   0   0         127.0.0.1      InLoop0
```

```
127.255.255.255/32 Direct  0   0              127.0.0.1      InLoop0
192.168.1.0/24     Direct  0   0            192.168.1.254    GE0/0.1
192.168.1.254/32   Direct  0   0              127.0.0.1      InLoop0
192.168.1.255/32   Direct  0   0            192.168.1.254    GE0/0.1
192.168.2.0/24     Direct  0   0            192.168.2.254    GE0/0.2
192.168.2.254/32   Direct  0   0              127.0.0.1      InLoop0
192.168.2.255/32   Direct  0   0            192.168.2.254    GE0/0.2
224.0.0.0/4        Direct  0   0              0.0.0.0        NULL0
224.0.0.0/24       Direct  0   0              0.0.0.0        NULL0
255.255.255.255/32 Direct  0   0              127.0.0.1      InLoop0
```

（3）在 PC1 上 PING PC2，检查是否可以 PING 通。

```
<H3C>ping 192.168.2.1
Ping 192.168.2.1 (192.168.2.1): 56 data bytes, press CTRL_C to break
56 bytes from 192.168.2.1: icmp_seq=0 ttl=254 time=2.545 ms
56 bytes from 192.168.2.1: icmp_seq=1 ttl=254 time=1.263 ms
56 bytes from 192.168.2.1: icmp_seq=2 ttl=254 time=1.071 ms
56 bytes from 192.168.2.1: icmp_seq=3 ttl=254 time=1.007 ms
56 bytes from 192.168.2.1: icmp_seq=4 ttl=254 time=0.964 ms
```

四、三层交换技术原理（VLAN-Interface）

在单臂路由解决方案中，虽然解决了当 VLAN 过多时路由器接口数量不够用的问题，但是另外一个问题也随之产生了。大量 VLAN 之间三层互访的流量都通过一条线路转发，该线路的性能压力太大，并且一旦这条线路发生故障，所有VLAN 之间的连通都将中断，因此单臂路由仍然不是目前的最优解决方案，目前实现 VLAN 间路由的主流解决方案是三层交换技术。

交换机本身是工作在数据链路层的设备，只处理 MAC 地址。三层交换机是指交换机也具有了 IP 地址处理与路由转发的功能，三层交换机能够同时工作在数据链路层和网络层，既能基于 MAC 地址实现二层转发，也能基于 IP 地址实现三层转发。

如图 6-6 所示，接入层使用二层交换机连接各 VLAN 的 PC，汇聚层使用三层交换机创建 VLAN-Interface 三层接口，并配置 IP 地址作为各 VLAN 的网关地址，接入交换机与汇聚交换机之间的链路配置为 Trunk 类型，允许所有 VLAN 通过，这样一来，在汇聚交换机上就会自动产生到达各 VLAN 网段的直连路由，路由的出接口为各 VLAN 的 VLAN-Interface 三层接口。

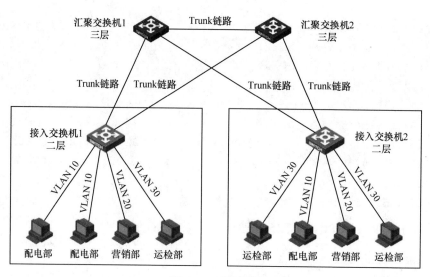

图 6-6　三层交换

当不同 VLAN 间的 PC 要互访时,会先把数据报文发往该 VLAN 的网关地址。网关地址在汇聚交换机上。由于接入交换机上去往汇聚交换机的接口是 Trunk 类型,因此数据帧将会携带 VLAN 标签发往汇聚交换机,而汇聚交换机本身也创建了各 VLAN 的信息,所以能够把数据帧交往相应 VLAN 的 VLAN-Interface 三层接口处理,然后汇聚交换机查询路由表,把数据包从目的 VLAN 的 VLAN-Interface 三层接口发出,并携带目的 VLAN 的标签,数据帧到达目的 VLAN 后,查询 MAC 地址表把数据帧发往目的 PC。

在三层交换解决方案中,由于三层转发同样使用交换机来处理,因此不用再担心接口数量不够用的问题。另外,三层交换机有特殊的处理机制,实现数据报文的二层转发和三层转发通过一次查表完成,大大提高 VLAN 间数据转发的处理速度。

五、三层交换实验

(一)实验拓扑

三层交换配置实验拓扑如图 6-7 所示。

(二)实验需求

(1)如图 6-7 所示,某地电网公司办公楼 3 楼某台接入交换机 AS 下连配电部和营销部的 PC，上连楼层汇聚交换机，汇聚路由器是各部门 PC 的网关设备。

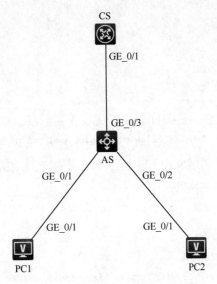

图 6-7　三层交换配置实验拓扑

（2）配电部规划在 VLAN 10，IP 网段为 192.168.1.0/24，营销部规划在 VLAN 20，IP 网段为 192.168.2.0/24，详细 IP 地址配置见表 6-3。

（3）接入交换机与汇聚交换机之间的链路配置为 Trunk 类型，并允许所有 VLAN 通过。

（4）汇聚交换机为三层交换机，在汇聚交换机上为各部门 VLAN 创建 VLAN-Interface 三层接口，实现 VLAN 间三层互通。

表 6-3　单臂路由配置实验 IP 地址表

设备	接口	VLAN	IP 地址	网关地址	部门
PC1	/	10	192.168.1.1/24	192.168.1.254	配电部
PC2	/	20	192.168.2.1/24	192.168.2.254	营销部
CS	VLAN 10	10	192.168.1.254/24	/	配电部网关
	VLAN 20	20	192.168.2.254/24	/	营销部网关

（三）实验步骤

（1）按照实验拓扑，修改设备名称，命令（略）。

（2）按照表 6-3 所示，为 PC1 和 PC2 配置 IP 地址和网关地址，截图（略）。

（3）在 AS 上创建 VLAN 10 和 VLAN 20，把连接 PC1 的接口加入 VLAN 10，连接 PC2 的接口加入 VLAN 20，把 G1/0/3 口配置为 Trunk 类型，并放行 VLAN 10 和 VLAN 20。

```
[AS]vlan 10
[AS-vlan10]port g1/0/1
[AS-vlan10]vlan 20
[AS-vlan20]port g1/0/2
[AS]interface g1/0/3
[AS-GigabitEthernet1/0/3]port link-type trunk
[AS-GigabitEthernet1/0/3]port trunk per vlan 10 20
```

（4）在 CS 上创建 VLAN 10 和 VLAN 20，配置连接 AS 的接口为 Trunk 类型，并放行 VLAN 10 和 VLAN 20。

```
[CS]vlan 10
[CS-vlan10]vlan 20
[AS]interface g1/0/1
[AS-GigabitEthernet1/0/3]port link-type trunk
[AS-GigabitEthernet1/0/3]port trunk per vlan 10 20
```

（5）在 CS 上创建 VLAN 10 和 VLAN 20 的 VLAN-Interface 三层接口，并配置 IP 地址作为网关。

```
[CS]interface Vlan-interface 10      //创建 VLAN-Interface 三层接口
[CS-Vlan-interface10]ip address 192.168.1.254 24
[CS]interface Vlan-interface 20      //创建 VLAN-Interface 三层接口
[CS-Vlan-interface20]ip address 192.168.2.254 24
```

（四）结果验证

（1）在 CS 上查看三层接口信息，检查 VLAN-Interface 三层接口是否正常 UP，IP 地址是否生效。

```
[CS]display ip interface brief
*down: administratively down
(s): spoofing  (l): loopback
Interface           Physical Protocol    IP Address        Description
MGE0/0/0            down      down        --                --
Vlan10             up        up          192.168.1.254     --
Vlan20             up        up          192.168.2.254     --
```

（2）在 CS 上查看路由表，检查是否自动产生各个网段的直连路由。

[CS]**display ip routing-table**

Destinations : 16   Routes : 16

Destination/Mask	Proto	Pre	Cost	NextHop	Interface
0.0.0.0/32	Direct	0	0	127.0.0.1	InLoop0
127.0.0.0/8	Direct	0	0	127.0.0.1	InLoop0
127.0.0.0/32	Direct	0	0	127.0.0.1	InLoop0
127.0.0.1/32	Direct	0	0	127.0.0.1	InLoop0
127.255.255.255/32	Direct	0	0	127.0.0.1	InLoop0
192.168.1.0/24	Direct	0	0	192.168.1.254	Vlan10
192.168.1.0/32	Direct	0	0	192.168.1.254	Vlan10
192.168.1.254/32	Direct	0	0	127.0.0.1	InLoop0
192.168.1.255/32	Direct	0	0	192.168.1.254	Vlan10
192.168.2.0/24	Direct	0	0	192.168.2.254	Vlan20
192.168.2.0/32	Direct	0	0	192.168.2.254	Vlan20
192.168.2.254/32	Direct	0	0	127.0.0.1	InLoop0
192.168.2.255/32	Direct	0	0	192.168.2.254	Vlan20
224.0.0.0/4	Direct	0	0	0.0.0.0	NULL0
224.0.0.0/24	Direct	0	0	0.0.0.0	NULL0
255.255.255.255/32	Direct	0	0	127.0.0.1	InLoop0

（3）在 PC1 上 PING PC2，检查是否可以 PING 通。

<H3C>**ping 192.168.2.1**
Ping 192.168.2.1 (192.168.2.1): 56 data bytes, press CTRL_C to break
56 bytes from 192.168.2.1: icmp_seq=0 ttl=254 time=2.545 ms
56 bytes from 192.168.2.1: icmp_seq=1 ttl=254 time=1.263 ms
56 bytes from 192.168.2.1: icmp_seq=2 ttl=254 time=1.071 ms
56 bytes from 192.168.2.1: icmp_seq=3 ttl=254 time=1.007 ms
56 bytes from 192.168.2.1: icmp_seq=4 ttl=254 time=0.964 ms

第三节 静 态 路 由

一、静态路由配置方法

前面提到，三层设备（路由器和三层交换机）会自动产生直连路由，非直连路由就必须要通过配置或路由协议来产生。静态路由没有任何机制，只是网络管理员手动配置到达某个目的网段的出接口就是哪个接口，或者下一跳地址是多少。所以只要路由没有配置错误的出接口或下一跳，也没有漏配，就能够实现网络的连通。

配置静态路由的命令如下：

● **ip route-static** {ip-address} {mask} { output-interface | next-hop } preference [preference-value]

功能：该命令用于配置静态路由。

解释：ip-address 为目的网段的网络地址，mask 为目的网段的子网掩码，output-interface 为路由的出接口，next-hop 为路由的下一跳地址，preference-value 为路由的优先级，出接口和下一跳可以只配置其中一个，也可以两者都配置，但是在非点到点网络中，必须要配置下一跳地址，优先级可以不配置，不配置时，静态路由默认优先级为 60。

举例：配置到达 192.168.1.0/24 网段的静态路由，下一跳地址为 10.1.1.1，并设置该路由优先级为 80。

```
[H3C]ip route-static 192.168.1.0 24 10.1.1.1 preference 80
```

在静态路由中，有一种特殊的路由叫默认路由，也叫缺省路由，默认路由的目的网络地址是 0.0.0.0，子网掩码长度也是 0，前面在 IP 地址中曾提到 0.0.0.0 代表任意地址，所以默认路由可以匹配所有目的 IP 地址。

如图 6-8 所示，出口路由器作为边界设备，连接了 Internet 和内部网络，按

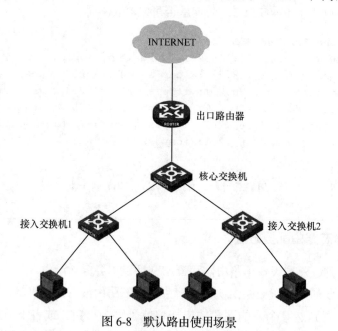

图 6-8 默认路由使用场景

照 IP 连通的要求，内网 PC 要访问互联网上的任何一个网段，出口路由器都需要具有到达目的网段的路由，但互联网上的网段数量巨大，任何一台路由器的路由表都不足以存储数量如此巨大的路由信息，这时一般就会在出口路由器上配置默认路由，下一跳配置为互联网与出口路由器直连的地址，不管内网 PC 要访问互联网的哪一个网段，都可以匹配到默认路由而把数据包发往互联网，而不用担心因为缺少路由而导致丢包。

二、静态路由配置实验

（一）实验拓扑

静态路由配置实验拓扑如图 6-9 所示。

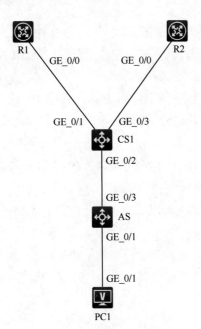

图 6-9　静态路由配置实验拓扑

（二）实验需求

（1）如图 6-9 所示，某地电网公司办公楼某台接入交换机 AS 下连各部门 PC，上连核心交换机，核心交换机是各部门 PC 的网关设备。

（2）该 PC 规划在 VLAN 10，IP 网段为 192.168.1.0/24，详细 IP 地址配置见表 6-4。

表 6-4　静态路由配置实验 IP 地址表

设备	接口	VLAN	IP 地址	网关地址	说明
PC1	/	10	192.168.1.1/24	192.168.1.254	配电部
CS	VLAN 10	10	192.168.1.254/24	/	配电部网关
	VLAN 100	100	10.1.1.2/24	/	连接 R1
	VLAN 200	200	10.2.2.2/24	/	连接 R2
R1	G0/0	/	10.1.1.1/24	/	连接 CS
	Loopback0	/	202.1.1.1/24	/	模拟互联网
R2	G0/0	/	10.2.1.1/24	/	连接 CS
	Loopback0	/	192.168.2.1/24	/	模拟分支机构内网
	Loopback1	/	192.168.3.1/24	/	模拟分支机构内网

（3）接入交换机与核心交换机之间的链路配置为 Trunk 类型，并允许所有 VLAN 通过。

（4）核心交换机为三层交换机，在核心交换机上为各部门 VLAN 创建 VLAN-Interface 三层接口作为网关，并在上行也创建 VLAN-Interface 与出口路由器三层互连。

（5）核心交换机上连两台出口路由器，其中 R1 接入运营商网络访问互联网，R2 通过 VPN 对接其他分支机构，在 R1 上创建 Loopback 口来模拟互联网某个地址。

（6）分支机构中存在 192.168.2.0/24、192.168.3.0/24 网段，在 R2 上创建 Loopback 口来模拟分支机构内网网段。

（7）通过在核心交换机和出口路由器上配置静态路由，实现内网 PC 能正常访问互联网和分支机构。

注：Loopback 口为三层设备上可创建的虚拟接口，可配置 IP 地址，Loopback 口地址多用于某些协议中标识设备 ID，一般也用于实验环境中模拟业务地址。

（三）实验步骤

（1）按照实验拓扑，修改设备名称，命令（略）。

（2）按照表 6-4 所示，为 PC1 配置 IP 地址和网关地址，截图（略）。

（3）在 AS 上创建 VLAN 10，把连接 PC1 的接口加入 VLAN 10，把 G1/0/3 口配置为 Trunk 类型，并放行 VLAN 10。

```
[AS]vlan 10
[AS-vlan10]port g1/0/1
[AS]interface g1/0/3
```

```
[AS-GigabitEthernet1/0/3]port link-type trunk
[AS-GigabitEthernet1/0/3]port trunk per vlan 10
```

（4）在 CS 上创建 VLAN 10、VLAN 100 和 VLAN 200，把连接 AS 的接口配置为 Trunk，放行 VLAN 10。把连接 R1 的接口加入 VLAN 100，把连接 R2 的接口加入 VLAN 200。

```
[CS]vlan 10
[CS]vlan 100
[CS-vlan100]port g1/0/1
[CS-vlan100]vlan 200
[CS-vlan200]port g1/0/3
[CS]interface g1/0/2
[CS-GigabitEthernet1/0/2]port link-type trunk
[CS-GigabitEthernet1/0/2]port trunk permit vlan 10
```

（5）在 CS 上为 VLAN 10、VLAN 100 和 VLAN 200 创建 VLAN-Interface，并配置 IP 地址。

```
[CS]interface Vlan-interface 10
[CS-Vlan-interface10]ip address 192.168.1.254 24
[CS]interface Vlan-interface 100
[CS-Vlan-interface100]ip address 10.1.1.2 24
[CS]interface Vlan-interface 200
[CS-Vlan-interface200]ip address 10.2.2.2 24
```

（6）为 R1 和 R2 配置 IP 地址。

```
[R1]interface g0/0
[R1-GigabitEthernet0/0]ip address 10.1.1.1 24
[R1]interface LoopBack 0          //创建 Loopback 0 接口
[R1-LoopBack0]ip address 202.1.1.1 24

[R2]interface g0/0
[R2-GigabitEthernet0/0]ip address 10.2.2.1 24
[R2]interface LoopBack 0
[R2-LoopBack0]ip address 192.168.2.1 24
[R2]interface LoopBack 1
[R2-LoopBack1]ip address 192.168.3.1 24
```

（7）由于 R1 是互联网出口，而 R2 是分支机构的出口，相对来说，分支机构的网段数量更少，这里规划在 CS 上把默认路由指向 R1 用来访问互联网，而去往分支机构的路由则在 CS 上配置明细路由到达。

```
[CS]ip route-static 0.0.0.0 0 10.1.1.1  //配置默认路由,下一跳地址为R1
[CS]ip route-static 192.168.2.0 24 10.2.2.1  //配置去往分支机构的明细
                                                静态路由,下一跳地址为R2
[CS]ip route-static 192.168.3.0 24 10.2.2.1  //配置去往分支机构的明细
                                                静态路由,下一跳地址为R2
```

（8）IP 连通需要沿途路由器具有往返双向的路由，目前只是 CS 上有去往外部网络的路由，而在 R1 和 R2 上并没有回到内网 192.168.1.0/24 网段的路由，所以还需要在 R1 和 R2 上配置静态路由到达 192.168.1.0/24 网段，下一跳为 CS。

```
[R1]ip route-static 192.168.1.0 24 10.1.1.2
                                //配置回到内网192.168.1.0/24
                                网段的静态路由,下一跳地址为CS
[R2]ip route-static 192.168.1.0 24 10.2.2.2
                                //配置回到内网192.168.1.0/24
                                网段的静态路由,下一跳地址为CS
```

（四）结果验证

（1）在 CS、R1 和 R2 上查看路由表，查看之前配置的静态路由是否正常出现在路由表中。

```
[CS]display ip routing-table

Destinations : 23      Routes : 23

Destination/Mask    Proto   Pre Cost    NextHop        Interface
0.0.0.0/0           Static  60  0       10.1.1.1       Vlan100
0.0.0.0/32          Direct  0   0       127.0.0.1      InLoop0
10.1.1.0/24         Direct  0   0       10.1.1.2       Vlan100
10.1.1.0/32         Direct  0   0       10.1.1.2       Vlan100
10.1.1.2/32         Direct  0   0       127.0.0.1      InLoop0
10.1.1.255/32       Direct  0   0       10.1.1.2       Vlan100
10.2.2.0/24         Direct  0   0       10.2.2.2       Vlan200
10.2.2.0/32         Direct  0   0       10.2.2.2       Vlan200
10.2.2.2/32         Direct  0   0       127.0.0.1      InLoop0
10.2.2.255/32       Direct  0   0       10.2.2.2       Vlan200
127.0.0.0/8         Direct  0   0       127.0.0.1      InLoop0
127.0.0.0/32        Direct  0   0       127.0.0.1      InLoop0
127.0.0.1/32        Direct  0   0       127.0.0.1      InLoop0
127.255.255.255/32  Direct  0   0       127.0.0.1      InLoop0
```

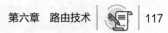

```
192.168.1.0/24       Direct  0   0    192.168.1.254   Vlan10
192.168.1.0/32       Direct  0   0    192.168.1.254   Vlan10
192.168.1.254/32     Direct  0   0    127.0.0.1       InLoop0
192.168.1.255/32     Direct  0   0    192.168.1.254   Vlan10
192.168.2.0/24       Static  60  0    10.2.2.1        Vlan200
192.168.3.0/24       Static  60  0    10.2.2.1        Vlan200
224.0.0.0/4          Direct  0   0    0.0.0.0         NULL0
224.0.0.0/24         Direct  0   0    0.0.0.0         NULL0
255.255.255.255/32   Direct  0   0    127.0.0.1       InLoop0
```

[R1]**display ip routing-table**

```
Destinations : 14      Routes : 14

Destination/Mask     Proto   Pre Cost  NextHop         Interface
0.0.0.0/32           Direct  0   0     127.0.0.1       InLoop0
10.1.1.0/24          Direct  0   0     10.1.1.1        GE0/0
10.1.1.1/32          Direct  0   0     127.0.0.1       InLoop0
10.1.1.255/32        Direct  0   0     10.1.1.1        GE0/0
127.0.0.0/8          Direct  0   0     127.0.0.1       InLoop0
127.0.0.1/32         Direct  0   0     127.0.0.1       InLoop0
127.255.255.255/32   Direct  0   0     127.0.0.1       InLoop0
192.168.1.0/24       Static  60  0     10.1.1.2        GE0/0
202.1.1.0/24         Direct  0   0     202.1.1.1       Loop0
202.1.1.1/32         Direct  0   0     127.0.0.1       InLoop0
202.1.1.255/32       Direct  0   0     202.1.1.1       Loop0
224.0.0.0/4          Direct  0   0     0.0.0.0         NULL0
224.0.0.0/24         Direct  0   0     0.0.0.0         NULL0
255.255.255.255/32   Direct  0   0     127.0.0.1       InLoop0
```

[R2]**display ip routing-table**

```
Destinations : 17      Routes : 17

Destination/Mask     Proto   Pre Cost  NextHop         Interface
0.0.0.0/32           Direct  0   0     127.0.0.1       InLoop0
10.2.2.0/24          Direct  0   0     10.2.2.1        GE0/0
10.2.2.1/32          Direct  0   0     127.0.0.1       InLoop0
10.2.2.255/32        Direct  0   0     10.2.2.1        GE0/0
127.0.0.0/8          Direct  0   0     127.0.0.1       InLoop0
127.0.0.1/32         Direct  0   0     127.0.0.1       InLoop0
127.255.255.255/32   Direct  0   0     127.0.0.1       InLoop0
192.168.1.0/24       Static  60  0     10.2.2.2        GE0/0
192.168.2.0/24       Direct  0   0     192.168.2.1     Loop0
```

192.168.2.1/32	Direct	0	0	127.0.0.1	InLoop0
192.168.2.255/32	Direct	0	0	192.168.2.1	Loop0
192.168.3.0/24	Direct	0	0	192.168.3.1	Loop1
192.168.3.1/32	Direct	0	0	127.0.0.1	InLoop0
192.168.3.255/32	Direct	0	0	192.168.3.1	Loop1
224.0.0.0/4	Direct	0	0	0.0.0.0	NULL0
224.0.0.0/24	Direct	0	0	0.0.0.0	NULL0
255.255.255.255/32	Direct	0	0	127.0.0.1	InLoop0

（2）在 PC1 上分别测试能否 PING 通 R1 上模拟互联网的地址，和 R2 上模拟分支机构内网的地址。

```
<H3C>ping 202.1.1.1
Ping 202.1.1.1 (202.1.1.1): 56 data bytes, press CTRL_C to break
56 bytes from 202.1.1.1: icmp_seq=0 ttl=254 time=0.777 ms
56 bytes from 202.1.1.1: icmp_seq=1 ttl=254 time=0.787 ms
56 bytes from 202.1.1.1: icmp_seq=2 ttl=254 time=0.697 ms
56 bytes from 202.1.1.1: icmp_seq=3 ttl=254 time=0.682 ms
56 bytes from 202.1.1.1: icmp_seq=4 ttl=254 time=0.708 ms

<H3C>ping 192.168.2.1
Ping 192.168.2.1 (192.168.2.1): 56 data bytes, press CTRL_C to break
56 bytes from 192.168.2.1: icmp_seq=0 ttl=254 time=0.769 ms
56 bytes from 192.168.2.1: icmp_seq=1 ttl=254 time=0.756 ms
56 bytes from 192.168.2.1: icmp_seq=2 ttl=254 time=0.690 ms
56 bytes from 192.168.2.1: icmp_seq=3 ttl=254 time=0.764 ms
56 bytes from 192.168.2.1: icmp_seq=4 ttl=254 time=0.715 ms

<H3C>ping 192.168.3.1
Ping 192.168.3.1 (192.168.3.1): 56 data bytes, press CTRL_C to break
56 bytes from 192.168.3.1: icmp_seq=0 ttl=254 time=0.785 ms
56 bytes from 192.168.3.1: icmp_seq=1 ttl=254 time=0.780 ms
56 bytes from 192.168.3.1: icmp_seq=2 ttl=254 time=0.794 ms
56 bytes from 192.168.3.1: icmp_seq=3 ttl=254 time=0.797 ms
56 bytes from 192.168.3.1: icmp_seq=4 ttl=254 time=0.760 ms
```

第四节　OSPF　协　议

一、OSPF 协议基本原理

在本章第三节的内容中，就可以发现静态路由全部需要依靠手动配置完成。

如果网络规模较大时，配置和维护将非常繁琐，还容易出错，因此在实际组网中，一般都会使用路由协议来进行路由的自动学习与计算。

目前路由协议主要有 RIP、EIGRP、BGP、OSPF、IS-IS 五种，其中 RIP 由于年代久远，存在各种缺陷，已经被淘汰，EIGRP 最早是思科的私有协议，国内的环境中使用非常少。BGP 属于自治系统外部协议，有特殊的应用场景。OSPF 和 IS-IS 两种协议比较相似，都属于自治系统内部协议，也都属于链路状态算法协议，但是由于历史原因，IS-IS 在互联网上的应用较少，一般在运营商的骨干网内部会使用 IS-IS，电网公司的骨干网内部也是使用 IS-IS，而具体到企业网内部以及运营商的城域网，毫无例外都是使用的 OSPF 协议，所以目前 OSPF 是互联网最主流和应用最广泛的路由协议。

OSPF 的工作过程分为四个阶段，分别是邻居和邻接关系建立阶段、链路状态数据库同步阶段、路由计算阶段、路由维护阶段。

（一）邻居和邻接关系建立阶段

当路由器（路由器和三层交换机都具备路由功能，下文中提到路由器时，可以等同于三层交换机）配置好 OSPF 后，会以组播方式从接口发送 Hello 消息。Hello 消息主要是介绍本机的基本信息，如 IP 地址，子网掩码、Router-id，计时器等，所有同样运行了 OSPF 的路由器都会收到 Hello 消息，收到后会立即发送 Hello 消息进行回应，一条链路上的路由器通过交互 Hello 消息，就可以完成互相发现，建立起邻居关系。

如果一条链路上的路由器不止两台，就会造成邻居数量太多的问题，如图 6-10 所示。通过一台交换机把五台路由器连接到一个 VLAN 中，那么实际上这五台路由器都在同一条链路上，也在同一个网段中。按照上述邻居发现和建立的原理，每一台路由器都要和另外四台路由器建立邻居关系，这条链路上总共会建立起 10 组邻居关系，维护大量邻居关系会导致设备性能负担增加。

为了减少邻居关系的数量，在邻居关系建立好之后，需要在每条链路上选举出一个 DR（指定路由器）和一个 BDR（备份指定路由器），其他既不是 DR 也不是 BDR 的路由器称为 DRother，如图 6-11 所示，完成选举后，DRother 分别与 DR 和 BDR 进一步建立邻接关系，DR 与 BDR 建立邻接关系，DRother 之间不建立邻接关系，而接下来的第二阶段只会在邻接关系的路由器之间发生，两台 DRother 之间的路由学习与计算将通过 DR 或 BDR 来中转，这样一来 OSPF 的后续交互过程将变得更迅速、更简单。

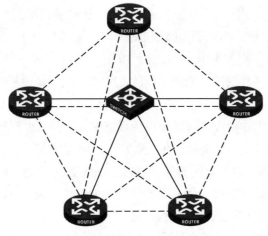

图 6-10　OSPF 邻居关系

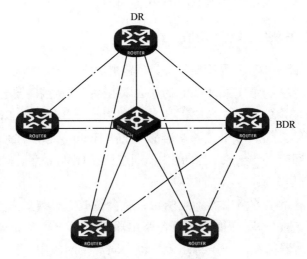

图 6-11　OSPF 邻接关系

（二）链路状态数据库同步阶段

每台路由器将自身参与 OSPF 的接口信息描述成一条 LSA（链路状态公告），LSA 中的信息包括接口的 IP 地址、Cost 开销、子网掩码、链路类型、接口的对端设备 ID 等，路由器中用来记录所有 LSA 信息的表称为 LSDB（链路状态数据库），在第二阶段中，邻接路由器之间会互相发送 LSA 信息，来实现区域内所有路由器的 LSDB 同步，这里的同步指的是所有路由器的 LSDB 形成一致，这就意味着 LSDB 同步完成后，每台路由器都知道了该区域内有几台路由器，每台路由器有几个接口，接口什么地址，哪台路由器的哪个接口连接了哪台路由器的哪个接口，也就是说每台路由器对区域内的拓扑结构都能够了如指掌。

（三）路由计算阶段

在 LSDB 完成同步后，每台路由器根据本机自身的 LSDB，自行计算出到达每个网段的最优路由，把路由加入路由表。

（四）路由维护阶段

邻居之间持续周期性的发送 Hello 消息，路由器通过是否能正常接收到邻居发送的 Hello 消息来判断邻居是否发生故障，超过四个周期都未收到邻居的 Hello 消息，路由器就认为邻居发生故障，中断与对方的邻居及邻接关系，并撤销经过该邻居的路由，如果网络中仍有其他邻居可以到达目的网段，OSPF 会自动计算出新的路由加入路由表，实现故障自动切换。

OSPF 还是一个支持分区域管理的路由协议，如图 6-12 所示，在配置 OSPF 时，可以把路由器划分到多个不同的区域，由于链路状态数据库的同步只发生在同一区域内，因此划分多个区域可以有效提高路由学习与计算的速度。另外，当某一个区域内的路由发生了变化，这个变化也不会扩散到其他区域，可以减少网络故障的影响范围。

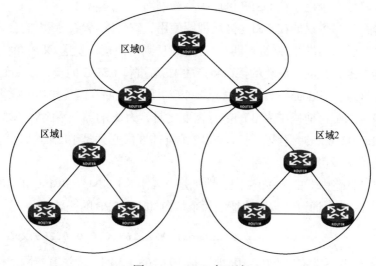

图 6-12　OSPF 多区域

二、OSPF 相关命令

- **ospf** [process-id] router-id [router-id]

功能：该命令用于创建 OSPF 进程。

解释：process-id 为进程号，当一台路由器上需要同时运行多个 OSPF 协议时，使用不同的进程号进行区分，如果不配置进程号，默认创建 1 号进程，router-id 为 OSPF 中的路由器身份标识，router-id 格式为 IPv4 地址格式，如果不配置 router-id 系统会自动选举产生。

举例：创建 10 号进程 OSPF，router-id 为 1.1.1.1。

```
[H3C]ospf 10 router-id 1.1.1.1
```

- **area** {area-id}

功能：该命令用于进入 OSPF 区域视图。

解释：该命令只能在 OSPF 协议视图使用，area-id 是区域 ID，区域 ID 格式为 IPv4 地址格式，如 area 10.1.1.1，区域 ID 可以简写，如 area 0.0.0.0 可简写为 area 0，area 0.0.0.1 可简写为 area 1。

举例：进入 OSPF 的区域 0。

```
[H3C-ospf-1]area 0
[H3C-ospf-1-area-0.0.0.0]
```

- **network** {ip-address} {wildcard-mask}

功能：该命令用于在 OSPF 区域中宣告网络。

解释：该命令只能在 OSPF 区域视图使用，宣告网络后，路由器会将所有接口的 IP 地址与宣告的网络进行匹配，匹配成功则向该接口发送 OSPF 消息建立邻居及邻居关系，且匹配成功的接口将产生 LSA 进行 LSDB 同步，ip-address 为宣告的网络地址，wildcard-mask 为通配符掩码，用于说明在匹配接口时需要比对的地址位数，通配符掩码中为 0 的部分需要比对，为 1 的部分不比对，如 network 192.168.1.0 0.0.0.255，意思是接口的 IP 地址前 3 段必须是 192.168.1 就可以匹配成功，而第 4 段可以是任意数字。

举例 1：路由器的 G0/0 口 IP 地址是 192.168.1.3/24，G0/1 口的 IP 地址是 192.168.2.18/24，通过宣告网络把使两个接口加入 OSPF 的区域 0。

```
[H3C-ospf-1-area-0.0.0.0]network 192.168.0.0 0.0.255.255
```

举例 2：路由器的 G0/0 口 IP 地址是 192.168.1.3/24，通过宣告网络把该接口加入 OSPF 的区域 0。

```
[H3C-ospf-1-area-0.0.0.0]network 192.168.1.3 0.0.0.0
```

- **silent-interface** interface-type {interface-number}

功能：该命令用于配置 OSPF 静默接口。

解释：该命令只能在 OSPF 协议视图使用，被静默的接口将不再收发 OSPF 协议消息，但仍会产生该接口的 LSA，一般为了避免协议消息冲击业务网段，都会把连接业务的接口配置为静默接口。

举例：配置 VLAN 10 为静默接口，避免 OSPF 协议消息冲击业务 VLAN。

```
[H3C-ospf-1]silent-interface vlan-interface 10
```

- **ospf network-type** {network-type}

功能：该命令用于修改接口的 OSPF 网络类型。

解释：该命令只能在接口视图使用，network-type 可以在 broadcast、nbma、p2mp、p2p 四种类型中选择一种配置，以太网接口的默认类型为 broadcast，如果确认一条以太网链路上只连接了两台路由器，一般建议把两台路由器相连接口的 OSPF 网络类型修改为 p2p 来加快邻接关系的建立速度。

举例：修改 G0/0 口的 OSPF 网络类型为 p2p。

```
[H3C-GigabitEthernet0/0]ospf network-type p2p
```

- **ospf timer hello** {seconds}

功能：该命令用于修改接口的 OSPF hello 计时器。

解释：该命令只能在接口视图使用，hello 计时器是指接口发送 hello 消息的间隔时间，以太网接口默认每 10s 发送一次，一般建议把 hello 计时器修改的更短来加快邻居故障侦测速度。

举例：修改 G0/0 口的 OSPF hello 计时器为 5s。

```
[H3C-GigabitEthernet0/0]ospf timer hello 5
```

- **default-route-advertise** [always]

功能：该命令用于引入默认路由到 OSPF。

解释：该命令只能在 OSPF 协议视图使用。配置该命令后，路由器将把本机配置的缺省路由引入到 OSPF 协议，并传递给邻居学习，一般在互联网出口路由器配置缺省路由后引入到 OSPF，可以避免内网其他路由器都需要配置缺省路由。输入 always 可以在本机未配置缺省路由的情况下自动向邻居发送缺省路由。

举例：配置默认路由并引入到 OSPF。

```
[H3C]ip route-static 0.0.0.0 0 100.1.1.1
[H3C]ospf
[H3C-ospf-1]default-route-advertise
```

- **display ospf peer**

功能：该命令用于查看 OSPF 邻居表。

解释：Area 为邻居所属区域，Router-ID 为该邻居的 Router-id，Address 为该邻居连接本机的接口的 IP 地址，Pri 为邻居的 DR 优先级，Dead-Time 为该邻居的剩余失效计时器，State 为该邻居的状态，邻居状态 2-way 为邻居关系，邻居状态 Full 为邻接关系，Interface 为本机连接该邻居的接口。

举例：配置默认路由并引入到 OSPF。

```
[H3C]display ospf peer

        OSPF Process 1 with Router ID 1.1.1.1
            Neighbor Brief Information

 Area: 0.0.0.0
 Router ID    Address        Pri Dead-Time  State        Interface
 2.2.2.2      10.1.1.2        1   40         Full/DR       GE0/0
```

- **display ospf interface**

功能：该命令用于查看 OSPF 接口信息。

解释：Area 为接口所属区域，IP Address 为接口 IP 地址，Type 为接口的 OSPF 网络类型，State 为该接口的角色，Cost 为接口开销，Pri 为接口 DR 优先级，DR 为该链路上的 DR 地址，BDR 为该接口链路上的 BDR 地址。

举例：查看 OSPF 接口信息。

```
[H3C]display ospf interface

        OSPF Process 1 with Router ID 1.1.1.1
            Interfaces

 Area: 0.0.0.0
 IP Address    Type      State     Cost  Pri  DR          BDR
 10.1.1.1      Broadcast BDR        1     1    10.1.1.2     10.1.1.1
 192.168.1.1   PTP       Loopback  0     1    0.0.0.0      0.0.0.0
```

三、OSPF 基本配置实验

（一）实验拓扑

OSPF 配置实验拓扑如图 6-13 所示。

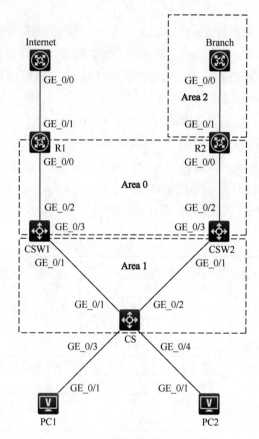

图 6-13　OSPF 配置实验拓扑

（二）实验需求

（1）如图 6-13 所示，某地电网公司办公楼某台汇聚交换机 CS 下连配电部和营销部的 PC，上连核心交换机，汇聚交换机是各部门 PC 的网关设备。

注：实际组网中 PC 应该连接在接入交换机，这里只是实验模拟，省去接入交换机。

（2）核心交换机 CSW1 与 CSW2 分别连接出口路由器 R1 和 R2，其中 R1 连接运营商网络访问互联网，R2 通过专线连接分支机构 Branch。

（3）配电部规划在 VLAN 10，IP 网段为 192.168.1.0/24，营销部规划在 VLAN 20，IP 网段为 192.168.2.0/24，详细 IP 地址配置见表 6-5。

（4）汇聚交换机为三层交换机，在汇聚交换机上为各部门 VLAN 创建 VLAN-Interface 三层接口作为网关，在汇聚交换机与核心交换机上创建互联 VLAN。

（5）在 Branch 上创建 Loopback 口来模拟分支机构内网网段。

（6）在公司内网与分支机构之间配置 OSPF 实现路由互通，其中核心交换机与出口路由器规划在区域 0，核心交换机与内网汇聚交换机规划在区域 1，R2 与 Branch 之间规划在区域 2。

（7）路由器统一规划 Loopback 口地址作为 Router-id。

（8）在 R1 上配置默认路由，并引入到 OSPF。

（9）为了加快骨干区域邻接关系建立速度，在 CSW1 和 CSW2 之间修改网络类型为 P2P，Hello 计时器修改为 5s。

（10）禁止 OSPF 协议报文出现在业务网段。

表 6-5　OSPF 配置实验 IP 地址表

设备	接口	VLAN	IP 地址	网关地址	说明
PC1	/	10	192.168.1.1/24	192.168.1.254	配电部
PC2	/	20	192.168.2.1/24	192.168.2.254	营销部
CS	VLAN 10	10	192.168.1.254/24	/	配电部网关
	VLAN 20	20	192.168.2.254/24	/	营销部网关
	VLAN 100	100	10.1.1.2/24	/	连接 CSW1
	VLAN 200	200	10.2.2.2/24	/	连接 CSW2
	Loopback0	/	1.1.1.1/32	/	Router-id
CSW1	VLAN 100	100	10.1.1.1/24	/	连接 CS
	VLAN 300	300	10.3.3.1/24	/	连接 CSW2
	VLAN 400	400	10.4.4.2/24	/	连接 R1
	Loopback0	/	2.2.2.2/32	/	Router-id
CSW2	VLAN 200	200	10.2.2.1/24	/	连接 CS
	VLAN 300	300/	10.3.3.2/24	/	连接 CSW1
	VLAN 500	/	10.5.5.2/24	/	连接 R2
	Loopback0	/	3.3.3.3/32	/	Router-id
R1	G0/0	/	10.1.1.1/24	/	连接 CSW1
	G0/1	/	100.1.1.1/24	/	连接 Internet
	Loopback0	/	4.4.4.4/32	/	Router-id

续表

设备	接口	VLAN	IP 地址	网关地址	说明
R2	G0/0	/	10.5.5.1/24	/	连接 CSW2
	G0/1	/	10.6.6.2/24	/	连接 Branch
	Loopback0	/	5.5.5.5/32	/	Router-id
Branch	G0/0	/	10.6.6.1/24	/	连接 R2
	Loopback0	/	6.6.6.6/32	/	Router-id
	Loopback1	/	192.168.3.1/24	/	模拟分支业务
Internet	G0/0	/	100.1.1.2/24	/	连接 R1

（三）实验步骤

（1）按照实验拓扑，修改设备名称，命令（略）。

（2）按照表 6-5 所示，为 PC1 和 PC2 配置 IP 地址和网关地址，截图（略）。

（3）在 CS 上创建 VLAN 10 和 VLAN 20，把连接 PC1 的接口加入 VLAN 10，连接 PC2 的接口加入 VLAN 20，命令（略）。

（4）在 CS、CSW1、CSW2 上创建互联 VLAN，并将交换机之间互连的接口加入 VLAN，创建互联 VLAN 的三层接口后按照表 6-4 配置 IP 地址。

```
[CS]vlan 10
[CS-vlan10]port g1/0/3
[CS-vlan10]vlan 20
[CS-vlan20]port g1/0/4
[CS-vlan20]vlan 100
[CS-vlan100]port g1/0/1
[CS-vlan100]vlan 200
[CS-vlan200]port g1/0/2
[CS]interface Vlan-interface 10
[CS-Vlan-interface10]ip address 192.168.1.254 24
[CS]interface Vlan-interface 20
[CS-Vlan-interface20]ip address 192.168.2.254 24
[CS]interface Vlan-interface 100
[CS-Vlan-interface100]ip address 10.1.1.2 24
[CS]interface Vlan-interface 200
[CS-Vlan-interface200]ip address 10.2.2.2 24
[CS]interface LoopBack 0
[CS-LoopBack0]ip address 1.1.1.1 32

[CSW1]vlan 100
```

```
[CSW1-vlan100]port g1/0/1
[CSW1-vlan100]vlan 300
[CSW1-vlan300]port g1/0/3
[CSW1-vlan300]vlan 400
[CSW1-vlan400]port g1/0/2
[CSW1]interface Vlan-interface 100
[CSW1-Vlan-interface100]ip address 10.1.1.1 24
[CSW1]interface Vlan-interface 300
[CSW1-Vlan-interface300]ip address 10.3.3.1 24
[CSW1]interface Vlan-interface 400
[CSW1-Vlan-interface400]ip address 10.4.4.2 24
[CSW1]interface LoopBack 0
[CSW1-LoopBack0]ip address 2.2.2.2 32

[CSW2]vlan 200
[CSW2-vlan200]port g1/0/1
[CSW2-vlan200]vlan 300
[CSW2-vlan300]port g1/0/3
[CSW2-vlan300]vlan 500
[CSW2-vlan500]port g1/0/2
[CSW2]interface Vlan-interface 200
[CSW2-Vlan-interface200]ip address 10.2.2.1 24
[CSW2]interface Vlan-interface 300
[CSW2-Vlan-interface300]ip address 10.3.3.2 24
[CSW2]interface Vlan-interface 500
[CSW2-Vlan-interface500]ip address 10.5.5.2 24
[CSW2]interface LoopBack 0
[CSW2-LoopBack0]ip address 3.3.3.3 32
```

（5）按照表 6-4 为 R1、R2、Internet 和 Branch 配置 IP 地址。

```
[R1]interface g0/0
[R1-GigabitEthernet0/0]ip address 10.4.4.1 24
[R1]interface g0/1
[R1-GigabitEthernet0/1]ip address 100.1.1.1 24
[R1]interface LoopBack 0
[R1-LoopBack0]ip address 4.4.4.4 32

[R2]interface g0/0
[R2-GigabitEthernet0/0]ip address 10.5.5.1 24
[R2]interface g0/1
[R2-GigabitEthernet0/1]ip address 10.6.6.2 24
[R2]interface LoopBack 0
[R2-LoopBack0]ip address 5.5.5.5 32
```

```
[Branch]interface g0/0
[Branch-GigabitEthernet0/0]ip address 10.6.6.1 24
[Branch]interface LoopBack 0
[Branch-LoopBack0]ip add 6.6.6.6 32
[Branch]interface LoopBack 1
[Branch-LoopBack1]ip address 192.168.3.1 24

[Internet]interface g0/0
[Internet-GigabitEthernet0/0]ip address 100.1.1.2 24
```

（6）按照实验拓扑，分区域配置 OSPF，由于汇聚交换机与核心交换机之间形成环路，按照 STP 规则，会阻塞其中一个接口导致 OSPF 邻接无法形成。这里由于已经把不同交换机之间相连的链路划分到不同 VLAN，不会导致环路问题，因此可以在汇聚交换机和核心交换机上关闭 STP。

```
[CS]ospf router-id 1.1.1.1          //创建 OSPF 进程，Router-id 为 1.1.1.1
[CS-ospf-1]area 1                    //进入区域 1
[CS-ospf-1-area-0.0.0.1]network 10.1.1.0 0.0.0.255
                                     //宣告 10.1.1.0 网段，通配符掩码为
                                     0.0.0.255，IP 地址前 3 段为 10.1.1
                                     的接口会匹配该宣告
[CS-ospf-1-area-0.0.0.1]network 10.2.2.0 0.0.0.255
                                     //宣告 10.2.2.0 网段，通配符掩码为
                                     0.0.0.255，IP 地址前 3 段为 10.2.2
                                     的接口会匹配该宣告
[CS-ospf-1-area-0.0.0.1]network 192.168.1.0 0.0.0.255
                                     //宣告 192.168.1.0 网段，通配符掩码为
                                     0.0.0.255，IP 地址前 3 段为 192.168.1
                                     的接口会匹配该宣告
[CS-ospf-1-area-0.0.0.1]network 192.168.2.0 0.0.0.255
                                     //宣告 192.168.2.0 网段，通配符掩码为
                                     0.0.0.255，IP 地址前 3 段为 192.168.2
                                     的接口会匹配该宣告
[CS-ospf-1-area-0.0.0.1]network 1.1.1.1 0.0.0.0
                                     //宣告 1.1.1.1 网段，通配符掩码为
                                     0.0.0.0，IP 地址为 1.1.1.1 的接口会
                                     匹配该宣告
[CS]undo stp global enable
//全局关闭 STP

[CSW1]ospf router-id 2.2.2.2
[CSW1-ospf-1]area 0
[CSW1-ospf-1-area-0.0.0.0]network 10.3.3.0 0.0.0.255
[CSW1-ospf-1-area-0.0.0.0]network 10.4.4.0 0.0.0.255
```

```
[CSW1-ospf-1-area-0.0.0.0]network 2.2.2.2 0.0.0.0
[CSW1-ospf-1-area-0.0.0.0]area 1
[CSW1-ospf-1-area-0.0.0.1]network 10.1.1.0 0.0.0.255
[CSW1]undo stp global enable

[CSW2]ospf router-id 3.3.3.3
[CSW2-ospf-1]area 0
[CSW2-ospf-1-area-0.0.0.0]network 10.3.3.0 0.0.0.255
[CSW2-ospf-1-area-0.0.0.0]network 10.5.5.0 0.0.0.255
[CSW2-ospf-1-area-0.0.0.0]network 3.3.3.3 0.0.0.0
[CSW2-ospf-1-area-0.0.0.0]area 1
[CSW2-ospf-1-area-0.0.0.1]network 10.2.2.0 0.0.0.255
[CSW2]undo stp global enable

[R1]ospf router-id 4.4.4.4
[R1-ospf-1]area 0
[R1-ospf-1-area-0.0.0.0]network 10.4.4.0 0.0.0.255
[R1-ospf-1-area-0.0.0.0]network 4.4.4.4 0.0.0.0

[R2]ospf router-id 5.5.5.5
[R2-ospf-1]area 0
[R2-ospf-1-area-0.0.0.0]network 10.5.5.0 0.0.0.255
[R2-ospf-1-area-0.0.0.0]network 5.5.5.5 0.0.0.0
[R2-ospf-1-area-0.0.0.0]area 2
[R2-ospf-1-area-0.0.0.2]network 10.6.6.0 0.0.0.255

[Branch]ospf router-id 6.6.6.6
[Branch-ospf-1]area 2
[Branch-ospf-1-area-0.0.0.2]network 10.6.6.0 0.0.0.255
[Branch-ospf-1-area-0.0.0.2]network 6.6.6.6 0.0.0.0
[Branch-ospf-1-area-0.0.0.2]network 192.168.3.0 0.0.0.255
```

（7）在 R1 上配置默认路由并引入 OSPF。

```
[R1]ip route-static 0.0.0.0 0 100.1.1.2  //配置默认路由，下一跳为
                                           100.1.1.2
[R1]ospf//进入 OSPF 协议视图
[R1-ospf-1]default-route-advertise//引入默认路由到 OSPF
```

（8）CSW1 和 CSW2 通过 VLAN 300 三层互联，所以在两台核心交换机的 VLAN 300 的 VLAN-Interface 上修改网络类型为 P2P，Hello 计时器为 5s。

```
[CSW1]interface Vlan-interface 300
[CSW1-Vlan-interface300]ospf network-type p2p  //修改 VLAN 300 的三
                                                 层接口网络类型为 P2P
```

```
[CSW1-Vlan-interface300]ospf timer hello 5 //修改 VLAN 300 的三层接
                                              口 Hello 计时器为 5s

[CSW2]interface Vlan-interface 300
[CSW2-Vlan-interface300]ospf network-type p2p
[CSW2-Vlan-interface300]ospf timer hello 5
```

（9）在 CS 上把 VLAN 10 和 VLAN 20 的 VLAN-Interface 接口配置为静默接口。

```
[CS]ospf
[CS-ospf-1]silent-interface Vlan-interface 10 //把 VLAN 10 的三层接
                                                 口设置为 OSPF 静默接口
[CS-ospf-1]silent-interface Vlan-interface 20 //把 VLAN 20 的三层接
                                                 口设置为 OSPF 静默接口
```

（四）结果验证

（1）在所有设备上查看 OSPF 邻居表，确认都正常建立邻接关系，状态为 Full，这里只展示一部分邻居表。

```
[CS]display ospf peer

           OSPF Process 1 with Router ID 1.1.1.1
              Neighbor Brief Information


 Area: 0.0.0.1
 Router ID    Address      Pri Dead-Time  State        Interface
 2.2.2.2      10.1.1.1      1   35         Full/DR       Vlan100
 3.3.3.3      10.2.2.1      1   31         Full/DR       Vlan200


[CSW1]display ospf peer

           OSPF Process 1 with Router ID 2.2.2.2
              Neighbor Brief Information


 Area: 0.0.0.0
 Router ID    Address      Pri Dead-Time  State        Interface
 3.3.3.3      10.3.3.2      1   16         Full/ -       Vlan300
 4.4.4.4      10.4.4.1      1   37         Full/BDR      Vlan400


 Area: 0.0.0.1
 Router ID    Address      Pri Dead-Time  State        Interface
```

```
     1.1.1.1    10.1.1.2     1   35        Full/BDR      Vlan100
```

[R2]**display ospf peer**

```
           OSPF Process 1 with Router ID 5.5.5.5
                Neighbor Brief Information

 Area: 0.0.0.0
 Router ID    Address       Pri Dead-Time  State         Interface
 3.3.3.3      10.5.5.2       1   37         Full/DR       GE0/0

 Area: 0.0.0.2
 Router ID    Address       Pri Dead-Time  State         Interface
 6.6.6.6      10.6.6.1       1   38         Full/DR       GE0/1
```

（2）在所有设备上查路由表，确认已经学习到所有网段路由，路由表中来源是字母 O 开始的路由就是通过 OSPF 学习到的路由。这里只展示一部分路由表。

[CS]**display ip routing-table**

```
Destinations : 36      Routes : 37

Destination/Mask    Proto    Pre Cost    NextHop        Interface
0.0.0.0/0           O_ASE2   150 1       10.1.1.1       Vlan100
0.0.0.0/32          Direct   0   0       127.0.0.1      InLoop0
1.1.1.1/32          Direct   0   0       127.0.0.1      InLoop0
2.2.2.2/32          O_INTER  10  1       10.1.1.1       Vlan100
3.3.3.3/32          O_INTER  10  1       10.2.2.1       Vlan200
4.4.4.4/32          O_INTER  10  2       10.1.1.1       Vlan100
5.5.5.5/32          O_INTER  10  2       10.2.2.1       Vlan200
6.6.6.6/32          O_INTER  10  3       10.2.2.1       Vlan200
10.1.1.0/24         Direct   0   0       10.1.1.2       Vlan100
10.1.1.0/32         Direct   0   0       10.1.1.2       Vlan100
10.1.1.2/32         Direct   0   0       127.0.0.1      InLoop0
10.1.1.255/32       Direct   0   0       10.1.1.2       Vlan100
10.2.2.0/24         Direct   0   0       10.2.2.2       Vlan200
10.2.2.0/32         Direct   0   0       10.2.2.2       Vlan200
10.2.2.2/32         Direct   0   0       127.0.0.1      InLoop0
10.2.2.255/32       Direct   0   0       10.2.2.2       Vlan200
10.3.3.0/24         O_INTER  10  2       10.1.1.1       Vlan100
                                         10.2.2.1       Vlan200
10.4.4.0/24         O_INTER  10  2       10.1.1.1       Vlan100
10.5.5.0/24         O_INTER  10  2       10.2.2.1       Vlan200
```

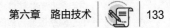

```
10.6.6.0/24            O_INTER  10  3   10.2.2.1         Vlan200
127.0.0.0/8            Direct   0   0   127.0.0.1        InLoop0
127.0.0.0/32           Direct   0   0   127.0.0.1        InLoop0
127.0.0.1/32           Direct   0   0   127.0.0.1        InLoop0
127.255.255.255/32     Direct   0   0   127.0.0.1        InLoop0
192.168.1.0/24         Direct   0   0   192.168.1.254    Vlan10
192.168.1.0/32         Direct   0   0   192.168.1.254    Vlan10
192.168.1.254/32       Direct   0   0   127.0.0.1        InLoop0
192.168.1.255/32       Direct   0   0   192.168.1.254    Vlan10
192.168.2.0/24         Direct   0   0   192.168.2.254    Vlan20
192.168.2.0/32         Direct   0   0   192.168.2.254    Vlan20
192.168.2.254/32       Direct   0   0   127.0.0.1        InLoop0
192.168.2.255/32       Direct   0   0   192.168.2.254    Vlan20
192.168.3.1/32         O_INTER  10  3   10.2.2.1         Vlan200
224.0.0.0/4            Direct   0   0   0.0.0.0          NULL0
224.0.0.0/24           Direct   0   0   0.0.0.0          NULL0
255.255.255.255/32     Direct   0   0   127.0.0.1        InLoop0
```

```
[Branch]display ip routing-table

Destinations : 27      Routes : 27

Destination/Mask    Proto     Pre  Cost  NextHop       Interface
0.0.0.0/0           O_ASE2    150  1     10.6.6.2      GE0/0
0.0.0.0/32          Direct    0    0     127.0.0.1     InLoop0
1.1.1.1/32          O_INTER   10   3     10.6.6.2      GE0/0
2.2.2.2/32          O_INTER   10   3     10.6.6.2      GE0/0
3.3.3.3/32          O_INTER   10   2     10.6.6.2      GE0/0
4.4.4.4/32          O_INTER   10   4     10.6.6.2      GE0/0
5.5.5.5/32          O_INTER   10   1     10.6.6.2      GE0/0
6.6.6.6/32          Direct    0    0     127.0.0.1     InLoop0
10.1.1.0/24         O_INTER   10   4     10.6.6.2      GE0/0
10.2.2.0/24         O_INTER   10   3     10.6.6.2      GE0/0
10.3.3.0/24         O_INTER   10   3     10.6.6.2      GE0/0
10.4.4.0/24         O_INTER   10   4     10.6.6.2      GE0/0
10.5.5.0/24         O_INTER   10   2     10.6.6.2      GE0/0
10.6.6.0/24         Direct    0    0     10.6.6.1      GE0/0
10.6.6.1/32         Direct    0    0     127.0.0.1     InLoop0
10.6.6.255/32       Direct    0    0     10.6.6.1      GE0/0
127.0.0.0/8         Direct    0    0     127.0.0.1     InLoop0
127.0.0.1/32        Direct    0    0     127.0.0.1     InLoop0
127.255.255.255/32  Direct    0    0     127.0.0.1     InLoop0
```

```
192.168.1.0/24      O_INTER  10  4       10.6.6.2        GE0/0
192.168.2.0/24      O_INTER  10  4       10.6.6.2        GE0/0
192.168.3.0/24      Direct   0   0       192.168.3.1     Loop1
192.168.3.1/32      Direct   0   0       127.0.0.1       InLoop0
192.168.3.255/32    Direct   0   0       192.168.3.1     Loop1
224.0.0.0/4         Direct   0   0       0.0.0.0         NULL0
224.0.0.0/24        Direct   0   0       0.0.0.0         NULL0
255.255.255.255/32  Direct   0   0       127.0.0.1       InLoop0
```

（3）测试 PC1 与 PC2 都能 PING 通 Branch 上模拟分支内网的 Loopback1 地址。

```
<H3C>ping 192.168.3.1
Ping 192.168.3.1 (192.168.3.1): 56 data bytes, press CTRL_C to break
56 bytes from 192.168.3.1: icmp_seq=0 ttl=252 time=1.593 ms
56 bytes from 192.168.3.1: icmp_seq=1 ttl=252 time=1.040 ms
56 bytes from 192.168.3.1: icmp_seq=2 ttl=252 time=0.959 ms
56 bytes from 192.168.3.1: icmp_seq=3 ttl=252 time=1.435 ms
56 bytes from 192.168.3.1: icmp_seq=4 ttl=252 time=1.407 ms
```

四、路由聚合与路由过滤

（一）路由聚合

按照路由器 IP 路由查表转发原理，路由表中的路由数量越多，数据包查表需要的时间就越长。在大规模网络中，可能存在上千甚至上万个网段，也就是说会存在上千或上万条路由。为了加快路由查表速度，减少路由表中的路由数量，因此就成了网络优化时要考虑的一个重要环节。而路由聚合就是要减少路由表中路由的数量，也是缩小路由表规模最重要的手段。

值得注意的是路由聚合虽然减少了路由数量，但并不影响实际的访问效果。如图 6-14 所示，R1 连接 R2，R2 连接了 4 个业务网段，分别是 192.168.0.0/24、192.168.1.0/24、192.168.2.0/24、192.168.3.0/24，为了使 R1 能访问这几个网段，需要在路由表中配置到达这几个网段的路由，下一跳都是 R2 的 10.1.1.2 地址。

既然在 R1 上这 4 条路由的下一跳都是同一个地址，那么就将这四条路由合并为一条网段。通过 IP 子网划分的算法可以得知，192.168.0.0/22 这个网段如果划分为 24 位掩码的子网，正好可以划分为 192.168.0.0/24、192.168.1.0/24、192.168.2.0/24、192.168.3.0/24，也就是说，192.168.0.0/22 这个网段就是由这 4 个业务网段合并出来的。所以如图 6-15 所示，可以在 R1 上不再配置到达 4 个业务网段的明细路由，而是用一条目的网段为 192.168.0.0/22 的路由来代替，下一跳配置为 10.1.1.2，这条路由就是聚合路由，当去往 4 个业务网段的数据包到达 R1 后，都能够匹配上这条聚合路由来转发至 R2。这样，路由表中路由的数量就从 4 条减少到 1 条，而且还不影响数据转发。

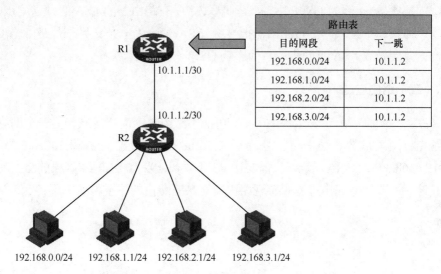

图 6-14　路由聚合示意图（一）

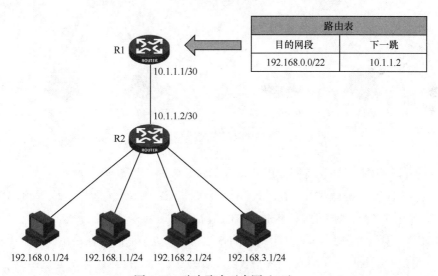

图 6-15　路由聚合示意图（二）

在配置路由聚合时，要满足两个条件才能进行聚合，第一个条件是被聚合的网段必须是连续的，这样才能通过子网划分算法来把多个网段合并为一个网段；

第二个条件是被聚合的路由在路由器上必须有相同的下一跳，否则聚合后会导致某些明细网段无法到达。

任何来源的路由都能够进行路由聚合操作，包括静态路由、路由协议的路由等。在 OSPF 中，路由聚合只能在区域间及引入外部路由时的配置，无法在一个区域内配置，这是因为 OSPF 中，同一个区域中所有路由器的 LSA 必须是同步的。所以，如果一个区域内一台路由器把 4 条 LSA 聚合为一条，另一台路由器没有聚合，就会导致 LSA 不同步，从而影响 OSPF 的路由计算。

（二）路由过滤

在某些场景中出于安全性的考虑，可能不希望某个网络区域和另一个网络区域互相访问。如图 6-16 所示，不希望 192.168.1.0/24 网段能够和 192.168.2.0/24 与 192.168.3.0/24 网段互访，只需要让 R3 不学习 192.168.1.0/24 网段的路由就行了，这时就要依靠路由过滤来实现路由器对某些路由的不学习或者不传递。

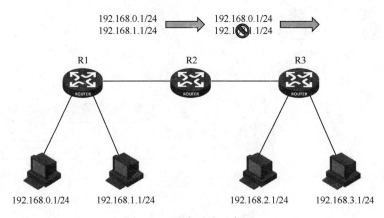

图 6-16　路由过滤示意图

所有路由协议都支持路由过滤，在 OSPF 中路由过滤分为两种方法。

第一种方法是针对计算出的路由进行过滤，在前面的内容中已经提到，OSPF 邻接路由器之间传递的其实不是路由而是 LSA。每台路由器最后根据自己本机的 LSDB 来计算出路由，这种过滤路由的方法，过滤动作是发生在路由器根据 LSDB 计算路由的过程中。在图 6-16 中，假设在 R2 上配置了针对计算出的路由的过滤，R2 就无法计算出被过滤的路由，而 R2 收到向 R3 传递 LSA 时仍然传递的是完整的，所以 R3 仍然可以计算出完整的路由，结论就是这种过滤方法只影响本机的路由学习，不影响下游其他设备的路由学习。

第二种方法是过滤区域间的 LSA，当 LSA 从一个区域传递到另一个区域时，可以通过配置过滤，使某几条 LSA 无法传递到另一个区域，从而导致另一个区域的路由器都无法学习到被过滤的 LSA 所对应的路由，与路由聚合相同，出于一个区域内所有路由器的 LSDB 必须同步的原因，LSA 的过滤无法发生在一个区域内部，只能发生在区域之间。

五、OSPF 高级配置实验

（一）实验拓扑

OSPF 高级配置实验拓扑如图 6-17 所示。

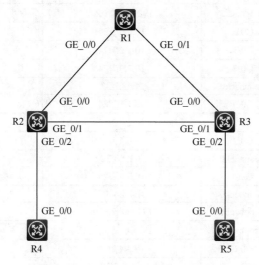

图 6-17　OSPF 高级配置实验拓扑

（二）实验需求

（1）如图 6-17 所示，R1 是某省电网公司内网核心路由器，R2 与 R3 分别是两个出口路由器，对接省内异地分支机构，R4 是分支机构一的出口路由器，通过 R2 连接到省核心，R3 是分支机构二的出口路由器，通过 R3 连接到省核心。

（2）R1、R4 与 R5 上都存在两个业务网段，分别是配电部业务和营销部业务，详细 IP 地址配置见表 6-6。

（3）网络划分为三个区域运行 OSPF，使分支机构与总部实现互通，R1、R2 与 R3 组成的总部网络规划在区域 0，R2 与 R4 在区域 1，R3 与 R5 在区域 2。

（4）路由器统一规划 Loopback 口地址作为 Router-id。

（5）要求营销部业务在全网都能互通，配电部业务在总部和两个分支机构之间都能互通，但在分支机构一和分支机构二之间不允许互通。

（6）为了减轻分支机构设备性能压力，要求总部的路由聚合后发布到分支机构。

表 6-6　OSPF 高级配置实验 IP 地址表

设备	接口	IP 地址	说明
R1	G0/0	10.0.0.1/24	连接 R2
	G0/1	10.1.1.1/24	连接 R3
	Loopback0	1.1.1.1/32	Router-id
	Loopback1	192.168.0.1/24	配电部业务
	Loopback2	192.168.1.1/24	营销部业务
R2	G0/0	10.0.0.2/24	连接 R1
	G0/1	10.2.2.1/24	连接 R3
	G0/2	10.3.3.1/24	连接 R4
	Loopback0	2.2.2.2/32	Router-id
R3	G0/0	10.1.1.2/24	连接 R1
	G0/1	10.2.2.2/24	连接 R2
	G0/2	10.4.4.1/24	连接 R5
	Loopback0	3.3.3.3/32	Router-id
R4	G0/0	10.3.3.2/24	连接 R2
	Loopback0	4.4.4.4/32	Router-id
	Loopback1	192.168.2.1/24	配电部业务
	Loopback2	192.168.3.1/24	营销部业务
R5	G0/0	10.4.4.2/24	连接 R3
	Loopback0	5.5.5.5/32	Router-id
	Loopback1	192.168.4.1/24	配电部业务
	Loopback2	192.168.5.1/24	营销部业务

（三）实验步骤

（1）按照实验拓扑，修改设备名称，命令（略）。

（2）按照表 6-6 所示，为路由器配置 IP 地址。

（3）按照拓扑规划，配置 OSPF，使路由器之间建立起邻接关系，并能够学习到业务网段路由。

```
[R1]ospf router-id 1.1.1.1
[R1-ospf-1]area 0
```

```
[R1-ospf-1-area-0.0.0.0]network 10.0.0.0 0.0.0.255
[R1-ospf-1-area-0.0.0.0]network 10.1.1.0 0.0.0.255
[R1-ospf-1-area-0.0.0.0]network 1.1.1.1 0.0.0.0
[R1-ospf-1-area-0.0.0.0]network 192.168.0.0 0.0.0.255
[R1-ospf-1-area-0.0.0.0]network 192.168.1.0 0.0.0.255

[R2]ospf router-id 2.2.2.2
[R2-ospf-1]area 0
[R2-ospf-1-area-0.0.0.0]network 10.0.0.0 0.0.0.255
[R2-ospf-1-area-0.0.0.0]network 10.2.2.0 0.0.0.255
[R2-ospf-1-area-0.0.0.0]network 2.2.2.2 0.0.0.0
[R2-ospf-1-area-0.0.0.0]area 1
[R2-ospf-1-area-0.0.0.1]network 10.3.3.0 0.0.0.255

[R3]ospf router-id 3.3.3.3
[R3-ospf-1]area 0
[R3-ospf-1-area-0.0.0.0]network 10.1.1.0 0.0.0.255
[R3-ospf-1-area-0.0.0.0]network 10.2.2.0 0.0.0.255
[R3-ospf-1-area-0.0.0.0]network 3.3.3.3 0.0.0.0
[R3-ospf-1-area-0.0.0.0]area 2
[R3-ospf-1-area-0.0.0.2]network 10.4.4.0 0.0.0.255

[R4]ospf router-id 4.4.4.4
[R4-ospf-1]area 1
[R4-ospf-1-area-0.0.0.1]network 10.3.3.0 0.0.0.255
[R4-ospf-1-area-0.0.0.1]network 4.4.4.4 0.0.0.0
[R4-ospf-1-area-0.0.0.1]network 192.168.2.0 0.0.0.255
[R4-ospf-1-area-0.0.0.1]network 192.168.3.0 0.0.0.255

[R5]ospf router-id 5.5.5.5
[R5-ospf-1]area 2
[R5-ospf-1-area-0.0.0.2]network 10.4.4.0 0.0.0.255
[R5-ospf-1-area-0.0.0.2]network 5.5.5.5 0.0.0.0
[R5-ospf-1-area-0.0.0.2]network 192.168.4.0 0.0.0.255
[R5-ospf-1-area-0.0.0.2]network 192.168.5.0 0.0.0.255
```

（4）配置路由过滤，根据要求，营销部业务全网都能互通，所以不需要过滤。配电部业务在分支机构一和分支机构二之间不能互通，所以需要让分支机构一无法学习到分支机构二的配电部路由，分支机构二无法学习到分支机构一的配电部路由。按照网络拓扑，分支机构一和分支机构二分别属于不同区域，所以需要使用区域间的 LSA 过滤，区域间的过滤需要在区域的边界路由器上进行配置。

```
[R2]acl basic 2000      //创建 ACL 用于筛选需要过滤的路由
[R2-acl-ipv4-basic-2000]rule deny source 192.168.4.0 0.0.0.255
                        //创建 ACL 规则，拒绝 192.168.4.0 网段的路由，意味
                        着把该网段的路由过滤掉
[R2-acl-ipv4-basic-2000]rule permit //创建 ACL 规则，允许其他路由通过
[R2]ospf
[R2-ospf-1]area 0
[R2-ospf-1-area-0.0.0.0]filter 2000 export //在路由的传入区域引用 ACL
                        2000 号进行区域间 LSA 过
                        滤，意味着从区域 0 传来的
                        路由传递至其他区域时进行
                        过滤


[R3]acl basic 2000      //创建 ACL 用于筛选需要过滤的路由
[R3-acl-ipv4-basic-2000]rule deny source 192.168.2.0 0.0.0.255
//创建 ACL 规则，拒绝 192.168.2.0 网段的路由，意味着把该网段的路由过滤掉
[R3-acl-ipv4-basic-2000]rule permit//创建 ACL 规则，允许其他路由通过
[R3]ospf
[R3-ospf-1]area 0
[R3-ospf-1-area-0.0.0.0]filter 2000 export //在路由的传入区域引用 ACL
                        2000 号进行区域间 LSA 过
                        滤，意味着从区域 0 传来的
                        路由传递至其他区域时进行
                        过滤
```

（5）配置路由聚合，根据要求，总部发往分支机构一和分支机构二的路由需要进行聚合，总部和分支机构之间规划在不同的区域，所以需要使用区域间的路由聚合。区域间聚合需要在区域的边界路由器上进行配置，按照子网划分算法，总部的业务网段路由 192.168.0.0/24 和 192.168.1.0/24 可以聚合为 192.168.0.0/23 网段。

```
[R2-ospf-1-area-0.0.0.0]abr-summary 192.168.0.0 23
                        //在路由的传入区域把 192.168.0.0/23 网段中的
                        所有子网聚合为一条路由发布至其他区域

[R3-ospf-1-area-0.0.0.0]abr-summary 192.168.0.0 23
                        //在路由的传入区域把 192.168.0.0/23 网段中的
                        所有子网聚合为一条路由发布至其他区域
```

（四）结果验证

（1）查看路由器的 OSPF 邻居表，确认邻接关系正常建立。

```
[R2]display ospf peer

          OSPF Process 1 with Router ID 2.2.2.2
```

```
            Neighbor Brief Information

Area: 0.0.0.0
Router ID    Address        Pri Dead-Time  State       Interface
1.1.1.1      10.0.0.1       1   37          Full/DR     GE0/0
3.3.3.3      10.2.2.2       1   37          Full/BDR    GE0/1


Area: 0.0.0.1
Router ID    Address        Pri Dead-Time  State       Interface
4.4.4.4      10.3.3.2       1   35          Full/BDR    GE0/2
```

[R3]**display ospf peer**

```
        OSPF Process 1 with Router ID 3.3.3.3
            Neighbor Brief Information

Area: 0.0.0.0
Router ID    Address        Pri Dead-Time  State       Interface
1.1.1.1      10.1.1.1       1   37          Full/DR     GE0/0
2.2.2.2      10.2.2.1       1   40          Full/DR     GE0/1


Area: 0.0.0.2
Router ID    Address        Pri Dead-Time  State       Interface
5.5.5.5      10.4.4.2       1   33          Full/BDR    GE0/2
```

（2）查看 R1 的路由表，确认能够学习到分支机构一和分支机构二的配电部与营销部业务路由。

```
[R1]display ip routing-table

Destinations : 31     Routes : 32

Destination/Mask     Proto     Pre Cost    NextHop         Interface
0.0.0.0/32           Direct    0   0       127.0.0.1       InLoop0
1.1.1.1/32           Direct    0   0       127.0.0.1       InLoop0
2.2.2.2/32           O_INTRA   10  1       10.0.0.2        GE0/0
3.3.3.3/32           O_INTRA   10  1       10.1.1.2        GE0/1
4.4.4.4/32           O_INTER   10  2       10.0.0.2        GE0/0
5.5.5.5/32           O_INTER   10  2       10.1.1.2        GE0/1
10.0.0.0/24          Direct    0   0       10.0.0.1        GE0/0
10.0.0.1/32          Direct    0   0       127.0.0.1       InLoop0
10.0.0.255/32        Direct    0   0       10.0.0.1        GE0/0
10.1.1.0/24          Direct    0   0       10.1.1.1        GE0/1
10.1.1.1/32          Direct    0   0       127.0.0.1       InLoop0
10.1.1.255/32        Direct    0   0       10.1.1.1        GE0/1
10.2.2.0/24          O_INTRA   10  2       10.0.0.2        GE0/0
```

```
                          O_INTRA 10  2        10.1.1.2          GE0/1
10.3.3.0/24               O_INTER 10  2        10.0.0.2          GE0/0
10.4.4.0/24               O_INTER 10  2        10.1.1.2          GE0/1
127.0.0.0/8               Direct  0   0        127.0.0.1         InLoop0
127.0.0.1/32              Direct  0   0        127.0.0.1         InLoop0
127.255.255.255/32        Direct  0   0        127.0.0.1         InLoop0
192.168.0.0/24            Direct  0   0        192.168.0.1       Loop1
192.168.0.1/32            Direct  0   0        127.0.0.1         InLoop0
192.168.0.255/32          Direct  0   0        192.168.0.1       Loop1
192.168.1.0/24            Direct  0   0        192.168.1.1       Loop2
192.168.1.1/32            Direct  0   0        127.0.0.1         InLoop0
192.168.1.255/32          Direct  0   0        192.168.1.1       Loop2
192.168.2.1/32            O_INTER 10  2        10.0.0.2          GE0/0
192.168.3.1/32            O_INTER 10  2        10.0.0.2          GE0/0
192.168.4.1/32            O_INTER 10  2        10.1.1.2          GE0/1
192.168.5.1/32            O_INTER 10  2        10.1.1.2          GE0/1
224.0.0.0/4               Direct  0   0        0.0.0.0           NULL0
224.0.0.0/24              Direct  0   0        0.0.0.0           NULL0
255.255.255.255/32        Direct  0   0        127.0.0.1         InLoop0
```

（3）查看 R4 的路由表，确认能够学习总部的聚合路由，只能学习到分支机构二的营销部业务路由，无法学习到分支机构二的配电部业务路由。

```
[R4]display ip routing-table

Destinations : 27    Routes : 27

Destination/Mask   Proto    Pre Cost   NextHop        Interface
0.0.0.0/32         Direct   0   0      127.0.0.1      InLoop0
1.1.1.1/32         O_INTER 10  2      10.3.3.1       GE0/0
2.2.2.2/32         O_INTER 10  1      10.3.3.1       GE0/0
3.3.3.3/32         O_INTER 10  2      10.3.3.1       GE0/0
4.4.4.4/32         Direct   0   0      127.0.0.1      InLoop0
5.5.5.5/32         O_INTER 10  3      10.3.3.1       GE0/0
10.0.0.0/24        O_INTER 10  2      10.3.3.1       GE0/0
10.1.1.0/24        O_INTER 10  3      10.3.3.1       GE0/0
10.2.2.0/24        O_INTER 10  2      10.3.3.1       GE0/0
10.3.3.0/24        Direct   0   0      10.3.3.2       GE0/0
10.3.3.2/32        Direct   0   0      127.0.0.1      InLoop0
10.3.3.255/32      Direct   0   0      10.3.3.2       GE0/0
10.4.4.0/24        O_INTER 10  3      10.3.3.1       GE0/0
127.0.0.0/8        Direct   0   0      127.0.0.1      InLoop0
127.0.0.1/32       Direct   0   0      127.0.0.1      InLoop0
```

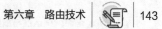

```
127.255.255.255/32  Direct     0   0    127.0.0.1     InLoop0
192.168.0.0/23      O_INTER 10    2    10.3.3.1      GE0/0
192.168.2.0/24      Direct     0   0    192.168.2.1   Loop1
192.168.2.1/32      Direct     0   0    127.0.0.1     InLoop0
192.168.2.255/32    Direct     0   0    192.168.2.1   Loop1
192.168.3.0/24      Direct     0   0    192.168.3.1   Loop2
192.168.3.1/32      Direct     0   0    127.0.0.1     InLoop0
192.168.3.255/32    Direct     0   0    192.168.3.1   Loop2
192.168.5.1/32      O_INTER 10    3    10.3.3.1      GE0/0
224.0.0.0/4         Direct     0   0    0.0.0.0       NULL0
224.0.0.0/24        Direct     0   0    0.0.0.0       NULL0
255.255.255.255/32  Direct     0   0    127.0.0.1     InLoop0
```

（4）查看 R5 的路由表，确认能够学习总部的聚合路由，只能学习到分支机构一的营销部业务路由，无法学习到分支机构一的配电部业务路由。

```
[R5]display ip routing-table

Destinations : 27      Routes : 27

Destination/Mask    Proto   Pre Cost  NextHop       Interface
0.0.0.0/32          Direct     0   0    127.0.0.1     InLoop0
1.1.1.1/32          O_INTER 10    2    10.4.4.1      GE0/0
2.2.2.2/32          O_INTER 10    2    10.4.4.1      GE0/0
3.3.3.3/32          O_INTER 10    1    10.4.4.1      GE0/0
4.4.4.4/32          O_INTER 10    3    10.4.4.1      GE0/0
5.5.5.5/32          Direct     0   0    127.0.0.1     InLoop0
10.0.0.0/24         O_INTER 10    3    10.4.4.1      GE0/0
10.1.1.0/24         O_INTER 10    2    10.4.4.1      GE0/0
10.2.2.0/24         O_INTER 10    2    10.4.4.1      GE0/0
10.3.3.0/24         O_INTER 10    3    10.4.4.1      GE0/0
10.4.4.0/24         Direct     0   0    10.4.4.2      GE0/0
10.4.4.2/32         Direct     0   0    127.0.0.1     InLoop0
10.4.4.255/32       Direct     0   0    10.4.4.2      GE0/0
127.0.0.0/8         Direct     0   0    127.0.0.1     InLoop0
127.0.0.1/32        Direct     0   0    127.0.0.1     InLoop0
127.255.255.255/32  Direct     0   0    127.0.0.1     InLoop0
192.168.0.0/23      O_INTER 10    2    10.4.4.1      GE0/0
192.168.3.1/32      O_INTER 10    3    10.4.4.1      GE0/0
192.168.4.0/24      Direct     0   0    192.168.4.1   Loop1
192.168.4.1/32      Direct     0   0    127.0.0.1     InLoop0
192.168.4.255/32    Direct     0   0    192.168.4.1   Loop1
192.168.5.0/24      Direct     0   0    192.168.5.1   Loop2
```

```
192.168.5.1/32        Direct  0   0     127.0.0.1       InLoop0
192.168.5.255/32      Direct  0   0     192.168.5.1     Loop2
224.0.0.0/4           Direct  0   0     0.0.0.0         NULL0
224.0.0.0/24          Direct  0   0     0.0.0.0         NULL0
255.255.255.255/32    Direct  0   0     127.0.0.1       InLoop0
```

第五节 BGP 协 议

一、BGP 协议基本原理

路由协议按照使用位置可以分为 IGP（内网网关协议）和 EGP（外部网关协议）。上一节中的 OSPF 协议属于 IGP 协议，IGP 协议是运行在一个自治系统（AS）内部的路由协议，按照路由协议的工作原理，网络规模越大，学习与计算路由所需要的时间就越长，所以如果网络规模已经大到一定程度，甚至跨越了广域网，只靠一个 IGP 协议将使路由的传递与学习效率变得非常低。

在超大规模组网中，我们会把网络划分为一个个的自治系统，每个自治系统内部独立运行一个 IGP 协议，这个 IGP 协议只负责在自治系统内部实现路由互通，而自治系统之间的路由传递就需要依靠 EGP 协议了，EGP 协议是工作在自治系统之间的路由协议，负责把路由从一个自治系统传递到另一个自治系统。

比如某大型国企，每个省的网络都被划分为一个自治系统，内部通过 OSPF 实现路由互通，而省级出口对接骨干网来接入全国网络，所以省和省之间则需要规划 EGP 协议来实现全国路由互通。

BGP 是边界网关协议，是目前唯一在使用中的 EGP 协议类型，BGP 具有如下特征：

（1）BGP 并不能产生路由，只能把已经在路由表中存在的路由传递给邻居。

（2）BGP 基于 TCP，无法自动发现邻居，必须手动配置邻居。

（3）BGP 拥有丰富的路由属性，且大部分属性都可以通过人为修改来影响 BGP 的路由选择。

（4）BGP 的邻居（对等体）分为 IBGP 邻居和 EBGP 邻居，IBGP 邻居是自治系统内部的 BGP 邻居，EBGP 是自治系统之间的 BGP 邻居。

（5）BGP 可以非直连建立邻居关系，只需要邻居双方配置的地址 TCP 可达即可。

BGP 的工作原理相比 OSPF 要简单很多，路由器互相发送消息感知到邻居后，即可建立起 BGP 邻居关系，邻居关系建立之后，则向邻居发送 BGP 路由表中的全部路由来进行路由传递和学习，具体路由的传递和学习规则较复杂，这里不做阐述。

二、BGP 相关命令

- **bgp** {as-number}

功能：该命令用于创建 BGP 进程。

解释：as-number 为当前路由器所在自治系统的 AS 号。除运营商网络需要全球统一规划 AS 号之外，其他企业网一般都使用私有 AS 号，私有 AS 号范围一般为 64512-65535。

举例：创建 BGP 进程，自治系统号为 65001。

```
[H3C]bgp 65001
```

- **peer** {ip-address} as-number {as-number}

功能：该命令用于配置 BGP 邻居地址。

解释：该命令需要在 BGP 协议视图使用，ip-address 为邻居的 IP 地址，as-number 为邻居所在的 AS 号，当邻居与本机在同一个 AS 时，该邻居为 IBGP 邻居，否则为 EBGP 邻居。

举例：配置 BGP 邻居，IP 地址为 1.1.1.1，邻居所在 AS 号为 65001。

```
[H3C-bgp-default]peer 1.1.1.1 as-number 65001
```

- **peer** {ip-address} conncet-interface {interface-type} {interface-number}

功能：该命令用于修改 BGP 更新源。

解释：出于稳定性考虑，一般 IBGP 邻居的地址建议使用邻居某个 Loopback 口地址。而使用 Loopback 口地址建立邻居后，就需要把更新源修改为该 Loopback 口地址，否则无法建立邻居关系。

举例：修改与 IBGP 邻居 1.1.1.1 的更新源为本机 Loopback0 口地址。

```
[H3C-bgp-default]peer 1.1.1.1 conncet-interface loopback 0
```

- **address-family ipv4 unicast**

功能：该命令用于进入 BGP 的 IPv4 单播地址族视图。

解释：BGP 可传递多种路由，如 IPv4 单播路由，IPv4 组播路由，VPNv4 路由，IPv6 路由，EVPN 路由等，要与某个邻居传递某种路由，就需要进入该路由的地址族视图。

举例：进入 IPv4 单播地址族视图。

```
[H3C-bgp-default]address-family ipv4 unicast
```

● **peer** {ip-address} enable

功能：该命令用于使能某个 BGP 邻居。

解释：该命令只能在地址族视图下使用，只有在某个地址族视图下使能某个邻居，BGP 才会与该邻居发送消息，开始建立邻居关系。

举例：在 IPv4 单播地址族中使能邻居 1.1.1.1。

```
[H3C-bgp-default-ipv4]peer 1.1.1.1 enable
```

● **peer** {ip-address} next-hop-local

功能：该命令用于把传递给某个邻居的路由的下一跳地址设置为本机。

解释：该命令只能在地址族视图下使用，在默认情况下，路由器把从 EBGP 邻居学习到的路由对 IBGP 邻居传递时，路由下一跳地址不变，容易造成路由不可达，这种情况下都需要把对该 IBGP 邻居传递的路由的下一跳地址设置为本机。

举例：把传递给邻居 1.1.1.1 的路由的下一跳地址设置为本机。

```
[H3C-bgp-default-ipv4]peer 1.1.1.1 next-hop-local
```

● **network** {ip-address} {mask}

功能：该命令用于把路由宣告进 BGP。

解释：该命令只能在地址族视图下使用，在 BGP 中宣告某个网络后，路由器会将该宣告的网络与掩码在路由器中进行匹配，只有网络地址和掩码完全一致的路由才会加入到 BGP 路由表进行传递。

举例：宣告 192.168.1.0/24 网段路由进入 BGP。

```
[H3C-bgp-default-ipv4]network 192.168.1.0 24
```

● **display bgp peer ipv4**

功能：该命令用于查看 BGP 邻居表。

解释：Peer 为邻居 IP 地址，AS 为邻居所在 AS 号，State 为邻居状态，邻居状态必须为 Established 才代表正常。

举例：查看 BGP 邻居表。

```
[H3C]dislay bgp peer ipv4

BGP local router ID: 2.2.2.2
 Local AS number: 65002
```

```
Total number of peers: 2              Peers in established state: 2

* - Dynamically created peer
Peer            AS    MsgRcvd MsgSent OutQ PrefRcv Up/Down  State

1.1.1.1         65002    3       4      0      0   00:00:08 Established
100.1.1.2       65001    4       4      0      0   00:01:33 Established
```

- **display bgp routing-table ipv4**

功能：该命令用于查看 BGP IPv4 地址族路由表。

解释：Network 为目的网段及掩码、NextHop 为下一跳地址，路由前的">"代表该路由被选择为最优路由，目的网段前的"i"代表该路由从 IBGP 邻居学习，"e"代表该路由从 EBGP 邻居学习。

举例：查看 BGP IPv4 路由表。

```
[H3C]display bgp routing-table ipv4

Total number of routes: 2

BGP local router ID is 2.2.2.2
Status codes: * - valid, > - best, d - dampened, h - history,
              s - suppressed, S - stale, i - internal, e - external
              Origin: i - IGP, e - EGP, ? - incomplete

    Network        NextHop     MED    LocPrf     PrefVal  Path/Ogn

* >i 192.168.1.0    1.1.1.1      0       100         0           i
* >e 192.168.2.0   100.1.1.2     0                   0       65001i
```

三、BGP 基本配置实验

（一）实验拓扑

BGP 配置实验拓扑如图 6-18 所示。

（二）实验需求

（1）如图 6-18 所示，A 省电网公司与 B 省电网公司分别通过 R1 和 R3 与骨干网对接，CSW1 为 A 省公司核心交换机，CSW2 为 B 省公司核心交换机。

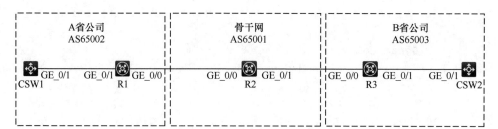

图 6-18　BGP 配置实验拓扑

（2）各省公司内部通过 OSPF 实现省内网络路由互通，省公司与骨干网通过 BGP 实现跨省互通。

（3）骨干网规划 AS 号为 65001，A 省公司规划 AS 号为 65002，B 省公司规划 AS 号为 65003。

（4）CSW1 与 R1 建立 IBGP 邻居，R1 与 R2，R2 与 R3 建立 EBGP 邻居，CSW2 与 R3 建立 IBGP 邻居。

（5）要求使用 Loopback 地址建立可靠的 IBGP 邻居，使用互连地址建立 EBGP 邻居。

（6）在 CSW1 和 CSW2 上分别创建 Loopback 口模拟各省内业务，在 CSW1 和 CSW2 上把各自业务的路由宣告进 BGP。

（7）通过 BGP 传递路由后，A 省公司和 B 省公司的业务可以互通。

（三）实验步骤

（1）按照实验拓扑，修改设备名称，命令（略）。

（2）按照表 6-7 所示，为各设备配置 IP 地址，命令（略）。CSW1 与 CSW2 需要把连接路由器的接口加入 VLAN 后，为 VLAN 创建 VLAN-Interface 并配置 IP 地址。

表 6-7　BGP 配置实验 IP 地址表

设备	接口	VLAN	IP 地址	网关地址	说明
CSW1	VLAN 100	100	10.1.1.1/24	/	连接 R1
	Loopback0	/	1.1.1.1/32	/	IBGP 邻居地址
	Loopback1	/	192.168.1.1/24	/	模拟 A 省业务
CSW2	VLAN 200	200	10.2.2.2/24	/	连接 R3
	Loopback0	/	5.5.5.5/32	/	IBGP 邻居地址
	Loopback1	/	192.168.2.1/24	/	模拟 B 省业务
R1	G0/0	/	100.1.1.1/24	/	连接 R2
	G0/1	/	10.1.1.2/24	/	连接 CSW1
	Loopback0	/	2.2.2.2/32	/	IBGP 邻居地址

续表

设备	接口	VLAN	IP 地址	网关地址	说明
R2	G0/0	/	100.1.1.2/24	/	连接 R1
	G0/1	/	100.2.2.1/24	/	连接 R3
	Loopback0	/	3.3.3.3/32	/	/
R3	G0/0	/	100.2.2.2/24	/	连接 R2
	G0/1	/	10.2.2.1/24	/	连接 CSW2
	Loopback0	/	4.4.4.4/32	/	IBGP 邻居地址

（3）CSW1 与 R1 配置 OSPF，实现 A 省公司内网路由互通，CSW2 与 R3 配置 OSPF，实现 B 省公司内网路由互通。

```
[CSW1]ospf router-id 1.1.1.1
[CSW1-ospf-1]area 0
[CSW1-ospf-1-area-0.0.0.0]network 1.1.1.1 0.0.0.0
[CSW1-ospf-1-area-0.0.0.0]network 10.1.1.0 0.0.0.255

[R1]ospf router-id 2.2.2.2
[R1-ospf-1]area 0
[R1-ospf-1-area-0.0.0.0]network 10.1.1.0 0.0.0.255
[R1-ospf-1-area-0.0.0.0]network 2.2.2.2 0.0.0.0

[R3]ospf router-id 4.4.4.4
[R3-ospf-1]area 0
[R3-ospf-1-area-0.0.0.0]network 10.2.2.0 0.0.0.255
[R3-ospf-1-area-0.0.0.0]network 4.4.4.4 0.0.0.0

[CSW2]ospf router-id 5.5.5.5
[CSW2-ospf-1]area 0
[CSW2-ospf-1-area-0.0.0.0]network 10.2.2.0 0.0.0.255
[CSW2-ospf-1-area-0.0.0.0]network 5.5.5.5 0.0.0.0
```

（4）配置 BGP，使 CSW1 与 R1 建立 IBGP 邻居，R1 与 R2 建立 EBGP 邻居，R2 与 R3 建立 EBGP 邻居，R3 与 CSW2 建立 IBGP 邻居。

```
[CSW1]bgp 65002          //在 AS 65002 中创建 BGP 进程
[CSW1-bgp-default]peer 2.2.2.2 as-number 65002
                  //配置 IBGP 邻居，IP 地址是 2.2.2.2，该邻居属于 AS 65002
[CSW1-bgp-default]peer 2.2.2.2 connect-interface LoopBack 0
                  //配置与邻居 2.2.2.2 的更新源为本机 Loopback0 口地址
[CSW1-bgp-default]address-family ipv4 unicast //进入 IPv4 单播地址族
                                                视图
[CSW1-bgp-default-ipv4]peer 2.2.2.2 enable//使能邻居 2.2.2.2
```

```
[R1]bgp 65002          //在 AS 65002 中创建 BGP 进程
[R1-bgp-default]peer 100.1.1.2 as-number 65001
                //配置 EBGP 邻居,IP 地址是 100.1.1.2,该邻居属于 AS 65001
[R1-bgp-default]peer 1.1.1.1 as-number 65002
                //配置 IBGP 邻居,IP 地址是 1.1.1.1,该邻居属于 AS 65002
[R1-bgp-default]peer 1.1.1.1 connect-interface LoopBack 0
                //配置与邻居 1.1.1.1 的更新源为本机 Loopback0 口地址
[R1-bgp-default]address-family ipv4 unicast //进入 IPv4 单播地址族视图
[R1-bgp-default-ipv4]peer 1.1.1.1 enable //使能邻居 1.1.1.1
[R1-bgp-default-ipv4]peer 100.1.1.2 enable//使能邻居 100.1.1.2


[R2]bgp 65001          //在 AS 65001 中创建 BGP 进程
[R2-bgp-default]peer 100.1.1.1 as-number 65002
                //配置 EBGP 邻居,IP 地址是 100.1.1.1,该邻居属于 AS 65002
[R2-bgp-default]peer 100.2.2.2 as-number 65003
//配置 EBGP 邻居, IP 地址是 100.2.2.2, 该邻居属于 AS 65003
[R2-bgp-default]address-family ipv4 unicast //进入 IPv4 单播地址族视图
[R2-bgp-default-ipv4]peer 100.1.1.1 enable //使能邻居 100.1.1.1
[R2-bgp-default-ipv4]peer 100.2.2.2 enable//使能邻居 100.2.2.2


[R3]bgp 65003          //在 AS 65003 中创建 BGP 进程
[R3-bgp-default]peer 100.2.2.1 as-number 65001
                //配置 EBGP 邻居,IP 地址是 100.2.2.1,该邻居属于 AS 65001
[R3-bgp-default]peer 5.5.5.5 as-number 65003
                //配置 IBGP 邻居,IP 地址是 5.5.5.5,该邻居属于 AS 65003
[R3-bgp-default]peer 5.5.5.5 connect-interface LoopBack 0
                //配置与邻居 5.5.5.5 的更新源为本机 Loopback0 口地址
[R3-bgp-default]address-family ipv4 unicast //进入 IPv4 单播地址族视图
[R3-bgp-default-ipv4]peer 100.2.2.1 enable//使能邻居 100.2.2.1
[R3-bgp-default-ipv4]peer 5.5.5.5 enable//使能邻居 5.5.5.5


[CSW2]bgp 65003          //在 AS65003 中创建 BGP 进程
[CSW2-bgp-default]peer 4.4.4.4 as-number 65003
                //配置 IBGP 邻居,IP 地址是 4.4.4.4,该邻居属于 AS 65003
[CSW2-bgp-default]peer 4.4.4.4 connect-interface LoopBack 0
                //配置与邻居 4.4.4.4 的更新源为本机 Loopback0 口地址
[CSW2-bgp-default]address-family ipv4 unicast
                //进入 IPv4 单播地址族视图
[CSW2-bgp-default-ipv4]peer 4.4.4.4 enable//使能邻居 4.4.4.4
```

（5）在 CSW1 和 CSW2 上把各自的业务网段路由宣告进 BGP。

```
[CSW1-bgp-default-ipv4]network 192.168.1.0 24
                //宣告网络 192.168.1.0/24, 路由表中若存在目的地址
```

192.168.1.0，掩码为 24 的路由，则会加入 BGP 路由表
进行传递

```
[CSW2-bgp-default-ipv4]network 192.168.2.0 24
                //宣告网络 192.168.2.0/24，路由表中若存在目的地址
                192.168.2.0，掩码为 24 的路由，则会加入 BGP 路由表
                进行传递
```

（6）在 R1 上对 CSW1 配置传递路由的下一跳变更为本机，在 R3 上对 CSW2 也配置传递路由的下一跳变更为本机。

```
[R1-bgp-default-ipv4]peer 1.1.1.1 next-hop-local //对邻居 1.1.1.1
                                            传递的路由下一
                                            跳变更为本机

[R3-bgp-default-ipv4]peer 5.5.5.5 next-hop-local //对邻居 5.5.5.5
                                            传递的路由下一
                                            跳变更为本机
```

（四）结果验证

（1）在所有设备上查看 BGP IPv4 邻居表，确认各邻居关系正确建立，这里只展示一部分设备的邻居表。

```
[R1]display bgp peer ipv4

BGP local router ID: 2.2.2.2
Local AS number: 65002
Total number of peers: 2        Peers in established state: 2

 * - Dynamically created peer
 Peer            AS MsgRcvd MsgSent OutQ PrefRcv Up/Down  State

 1.1.1.1            65002      20       21   0        1 00:16:46
Established
 100.1.1.2          65001      20       24   0        1 00:15:56
Established


[R3]display bgp peer ipv4

BGP local router ID: 4.4.4.4
Local AS number: 65003
Total number of peers: 2        Peers in established state: 2

 * - Dynamically created peer
 Peer            AS MsgRcvd MsgSent OutQ PrefRcv Up/Down  State

 5.5.5.5          65003    21      24   0       1 00:14:53 Established
 100.2.2.1        65001    21      19   0       1 00:15:38 Established
```

（2）在 CSW1 和 CSW2 上查看 BGP 路由表，确认能够学习并优选对端的业
务网段路由。

```
[CSW1]display bgp routing-table ipv4

Total number of routes: 2

BGP local router ID is 192.168.1.1
Status codes: * - valid, > - best, d - dampened, h - history
              s - suppressed, S - stale, i - internal, e - external
              a - additional-path
    Origin: i - IGP, e - EGP, ? - incomplete

    Network       NextHop       MED       LocPrf   PrefVal   Path/Ogn

* >  192.168.1.0  192.168.1.1    0                 32768    i
* >i 192.168.2.0  2.2.2.2                100        0        65001 65003i

[CSW2]display bgp routing-table ipv4

Total number of routes: 2

BGP local router ID is 192.168.2.1
Status codes: * - valid, > - best, d - dampened, h - history
              s - suppressed, S - stale, i - internal, e - external
              a - additional-path
    Origin: i - IGP, e - EGP, ? - incomplete

    Network       NextHop       MED       LocPrf   PrefVal   Path/Ogn

* >i 192.168.1.0  4.4.4.4                100        0        65001 65002i
* >  192.168.2.0  192.168.2.1    0                 32768    i
```

（3）在 CSW1 上使用 A 省业务的源地址来 PING B 省业务地址，可以 PING 通。

```
[CSW1]ping -a 192.168.1.1 192.168.2.1
//-a 192.168.1.1 代表该 PING 请求的源地址为 192.168.1.1，由于本例中业务地
址使用 Loopback 口模拟，需要更改源地址才能测试出 PING 结果。
Ping 192.168.2.1 (192.168.2.1) from 192.168.1.1: 56 data bytes,
press CTRL_C to break
56 bytes from 192.168.2.1: icmp_seq=0 ttl=252 time=1.021 ms
56 bytes from 192.168.2.1: icmp_seq=1 ttl=252 time=1.565 ms
56 bytes from 192.168.2.1: icmp_seq=2 ttl=252 time=1.535 ms
56 bytes from 192.168.2.1: icmp_seq=3 ttl=252 time=1.396 ms
56 bytes from 192.168.2.1: icmp_seq=4 ttl=252 time=1.449 ms
```

第七章　访问控制列表与 NAT

第一节　ACL 技 术

一、ACL 技术原理

在前面的章节中，曾提到通过 VLAN 来实现二层隔离。不同的 VLAN 之间无法在数据链路层通信。但是当配置了 VLAN 之间路由后，不同的 VLAN 可以通过三层路由实现互通。那么，如果出于访问控制的需求，希望不同 VLAN 在三层也无法通信，该如何实现呢？

在这个背景下，ACL（访问控制列表）技术出现了。访问控制是指通过软件策略来定义哪些对象可以被访问，哪些对象不可以被访问。简单的理解就是对允许通行的数据报文进行放行，对不允许通行的数据报文进行丢弃。但是严格来讲，ACL 并不具备数据报文的放行或丢弃能力。ACL 只是一种用于匹配数据报文的手段。比如，不希望 192.168.1.0/24 网段访问 192.168.2.0/24 网段，那就需要先通过 ACL 来匹配出哪些数据报文是 192.168.1.0/24 网段访问 192.168.2.0/24 网段的数据。而至于匹配出来后，对满足条件的报文是放行还是丢弃则需要通过 Packet-filter（包过滤）引用 ACL 来实现。从这个角度来看，ACL 只是告诉 Packet-filter 一个数据包是满足条件还是不满足条件，具体的报文放行或丢弃动作是靠 Packet-filter 来完成的。

ACL 只是一种用于匹配数据报文的手段，可以结合不同的功能来实现不同的效果。比如要实现地址转换功能时，就需要使用 ACL 匹配出数据报文，再由 NAT 来完成地址转换；又比如要实现流量控制功能时，就需要使用 ACL 匹配出数据报文，再由 QoS 来完成流量的保障或限制。本节内容主要讲解如何使用 ACL 来实现访问控制功能。

访问控制需要使用 ACL 结合 Packet-filter 来实现。这里需要分别说明

Packet-filter 的应用方向和 ACL 的匹配规则。

（一）Packet-filter 的应用方向

Packet-filter 要实现访问控制功能，需要应用在三层设备某个接口的入方向或者出方向。当 Packet-filter 应用在接口的入方向时，包过滤效果只对从该接口进入设备的数据包生效；同理，当 Packet-filter 应用在接口的出方向时，包过滤效果只对从该接口发出的数据包生效。

如图 7-1 所示，路由器的 G0/0 口一侧有 192.168.1.0/24 网段，G0/1 口一侧有 192.168.2.0/24 网段。如果不希望 192.168.1.0/24 网段能够访问 192.168.2.0/24 网段，就需要先配置 ACL 匹配出源地址是 192.168.1.0/24 网段，目的地址是 192.168.2.0/24 网段的数据包，然后在 G0/0 口或者 G0/1 口应用 Packet-filter 并调用 ACL。从图 7-1 可知，192.168.1.0/24 网段访问 192.168.2.0/24 网段的数据包会从 G0/0 口进入路由器，再从 G0/1 口发出，所以 Packet-filter 的应用方向就应该是 G0/0 口的入方向，或者 G0/1 口的出方向。

图 7-1　Packet-filter 方向

（二）ACL 的匹配规则

ACL 是访问控制列表。既然称为表，就意味着一个表里面可能不止一条记录。事实上，在一个 ACL 中可以创建多条规则来匹配不同的数据包。比如，不希望 192.168.1.0/24 网段能够访问 192.168.2.0/24 网段，但是希望 192.168.3.0/24 网段能够访问 192.168.4.0/24 网段。这时就可以在一个 ACL 中创建两条规则，第一条规则的动作是 Deny（拒绝），匹配的数据报文源地址是 192.168.1.0/24 网段，目的地址是 192.168.2.0/24 网段；第二条规则的动作是 Permit（允许），匹配的数据报文源地址是 192.168.3.0/24 网段，目的地址是 192.168.4.0/24 网段。

当接口上应用了 Packet-filter 并调用 ACL 后，数据包就需要按照一种规则逐条的匹配 ACL 中的规则。如图 7-2 所示，当数据包到达接口后，检查该接口对应的放行是否应用了 Packet-filter，未应用则放行数据包，应用了则开始检查 ACL 的第一条规则。如果数据包能匹配第一条规则，进一步检查该条规则的动作，动作是 Permit 则放行数据包，动作是 Deny 则丢弃数据包。如果数据包未能匹配第一条规则，则继续检查下一条规则，检查的机制与第一条规则一致。如果最后数据包未能匹配该 ACL 的任何一条规则，就检查 ACL 的默认动作，默认动作是 Permit 则放行数据包，动作是 Deny 则丢弃数据包。

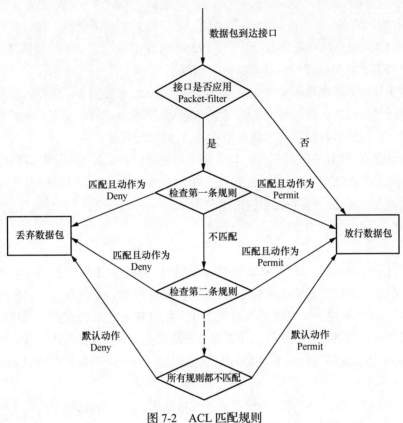

图 7-2　ACL 匹配规则

有两点需要注意。第一，在配置 ACL 时，可以手动或自动产生每条规则的 Rule-id，规则的匹配顺序默认是按照 Rule-id 从小到大进行的。第二，H3C 设备默认情况下，当 ACL 被调用在 Packet-filter 中时，默认动作为 Permit，当 ACL 调用在其他机制中，如 QoS，NAT 时，默认动作为 Deny。

二、ACL 的类型（基本 ACL 与高级 ACL）

H3C 的 ACL 可分为三层 ACL 和二层 ACL。二层 ACL 用于匹配数据帧，应用的较少，这里不做讨论。三层 ACL 用于匹配数据包，又可分为基本 ACL 与高级 ACL。

（一）基本 ACL

基本 ACL 只检查数据包的源 IP 地址，其他参数都不做检查。在配置基本 ACL 时，创建的规则只能定义数据包的源 IP 地址是多少，不支持定义目的 IP 地址等其他参数。比如，在某个基本 ACL 中，定义了一条规则，源 IP 地址是 192.168.1.3，那么只要是源 IP 地址为 192.168.1.3 的数据包，无论数据包的目的 IP 地址等其他信息是多少，都能够匹配该规则。

由于只检查数据包源 IP 地址的特性，基本 ACL 一般用于不做精确匹配的访问控制场景。比如，对于某台主机或某个网段，不希望它访问所有其他网络，或者希望它访问所有其他网络，使用基本 ACL 就比较方便。

但是基本 ACL 有其局限性，仅仅是不希望某台主机访问某个服务器的 Web 服务，但基本 ACL 不检查数据包的目的 IP 地址和端口信息，所以使用基本 ACL 将导致该主机无法访问其他网络中的任何资源。

（二）高级 ACL

相对于基本 ACL，高级 ACL 则要精确很多。高级 ACL 可以检查完整的数据包五元组。数据包的五元组是指源 IP 地址、目的 IP 地址、源端口、目的端口、协议类型。源 IP 地址代表数据包的发送者，目的 IP 地址代表数据包的接收者，源端口和目的端口代表数据包访问的服务和应用类型，协议类型代表数据包是基于何种协议。使用高级 ACL 可以精确的匹配数据包从哪里来，到哪里去，去干什么。

高级 ACL 可以在所有访问控制的场景中使用。由于高级 ACL 的精确检查特性，一般会把基于高级 ACL 的 Packet-filter 应用在离源地址最近的接口的入方向，避免无必要的报文转发。

三、ACL 相关命令

- **acl basic** {acl-number}

功能：该命令用于创建基本 ACL。

解释：acl-number 为 ACL 编号，通过不同的编号来区分不同的 ACL。基本 ACL 的 ACL 编号范围是 2000-2999。在真实设备上，该命令格式有可能是 acl number {acl-number}。

举例：创建 2000 号基本 ACL。

```
[H3C]acl basic 2000
```

- **acl advanced** {acl-number}

功能：该命令用于创建高级 ACL。

解释：acl-number 为 ACL 编号，通过不同的编号来区分不同的 ACL。高级 ACL 的 ACL 编号范围是 3000-3999。在真实设备上，该命令格式有可能是 acl number {acl-number}。

举例：创建 3000 号高级 ACL。

```
[H3C]acl advanced 3000
```

- **rule** [rule-id] { permit | deny } [source {ip-address} {wildcard-mask}]

功能：该命令用于配置基本 ACL 中的规则。

解释：该命令必须在 ACL 视图中使用。rule-id 为规则的编号，如果不手动配置 rule-id，则系统会自动以 5 为步进产生 rule-id。permit 代表该规则动作为允许，deny 代表该规则动作为拒绝。ip-address 为规则要匹配的源地址，wildcard-mask 为通配符掩码。如不配置 source 及源地址，则代表该规则匹配所有数据包。

举例 1：在 2000 号基本 ACL 中，创建 10 号规则，允许源 IP 地址前 3 段为 192.168.1 的数据包。

```
[H3C-acl-ipv4-basic-2000]rule 10 permit source 192.168.1.0
0.0.0.255
```

举例 2：在 2000 号基本 ACL 中，创建 12 号规则，拒绝源 IP 地址为 192.168.3.47 的数据包。

```
[H3C-acl-ipv4-basic-2000]rule 12 deny source 192.168.3.47 0.0.0.0
```

- **rule** [rule-id] { permit | deny } {protocol} [source {ip-address} {wildcard-mask} destination {ip-address} {wildcard-mask} source-port {operator} {port} destination-port {operator} {port}]

功能：该命令用于配置高级 ACL 中的规则。

解释：该命令必须在 ACL 视图中使用。rule-id 为规则的编号，如果不手动配置 rule-id，则系统会自动以 5 为步进产生 rule-id。permit 代表该规则动作为允许，deny 代表该规则动作为拒绝。ip-address 为规则要匹配的源地址或目的地址，wildcard-mask 为通配符掩码。source-port 与 destination-port 为规则要匹配的源端口和目的端口。高级 ACL 规则中，五元组中的某个元组若不配置则代表该元组匹配所有。

举例 1：在 3000 号高级 ACL 中，创建 10 号规则，允许源 IP 地址前 3 段为 192.168.1 的数据包访问目的 IP 为 192.168.2.5 的 HTTP 服务。

```
[H3C-acl-ipv4-adv-3000]rule 10 permit tcp source 192.168.1.0
0.0.0.255 destination 192.168.2.5 0 destination-port eq 80
                    //HTTP 服务基于 TCP 80 端口。源端口未配置代表
                    匹配所有源端口，通配符掩码 0.0.0.0 可简写为 0
```

举例 2：在 3000 号高级 ACL 中，创建 15 号规则，拒绝所有数据包。

```
[H3C-acl-ipv4-adv-3000]rule 15 deny ip
```

- **packet-filter** {acl-number} [inbound | outbound]

功能：该命令用于在接口上应用 Packet-filter。

解释：该命令必须在接口视图下使用。acl-number 为 ACL 编号，inbound 代表应用在接口的入方向，outbound 代表应用在接口出方向。

举例：在 G0/0 口的出方向应用 Packet-filter 并调用 ACL 3003 号。

```
[H3C-GigabitEthernet0/0]packet-filter 3003 outbound
```

- **display acl** { acl-number | all }

功能：该命令用于查看 ACL 信息。

解释：all 代表查看所有 ACL 信息。

举例：查看本机所有 ACL 信息。

```
[H3C]display acl all
Basic IPv4 ACL 2000, 1 rule,
ACL's step is 5
 rule 10 permit source 192.168.1.0 0.0.0.255

Advanced IPv4 ACL 3000, 2 rules,
ACL's step is 5
 rule 0 deny ip source 1.1.1.1 0 destination 2.2.2.2 0
 rule 5 permit ip
```

四、ACL 访问控制实验

（一）实验拓扑

ACL 访问控制实验拓扑如图 7-3 所示。

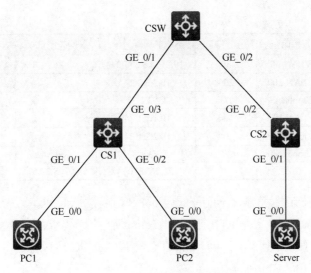

图 7-3　ACL 访问控制实验拓扑

（二）实验需求

（1）如图 7-3 所示，某电网公司大楼内某楼层汇聚交换机 CS1 下连配电部和营销部的 PC，上连核心交换机 CSW，服务器区汇聚交换机 CS2 下连内部服务器 Server，上连核心交换机 CSW。由于模拟器功能限制，本实验中 PC 与 Server 都使用路由器来模拟。

（2）配电部规划在 VLAN 10，IP 网段为 192.168.1.0/24。营销部规划在 VLAN 20，IP 网段为 192.168.2.0/24。Server 规划在 VLAN 30，IP 网段为 192.168.3.0/24。详细 IP 地址配置见表 7-1 所示。

（3）CS1 和 CS2 为三层交换机，在 CS 上为各部门及服务器区 VLAN 创建 VLAN-Interface 三层接口作为网关。在各 CS 与 CSW 上创建互连 VLAN。

（4）各 PC、服务器与设备 IP 地址见表 7-1。配置 OSPF 使网络路由互通。

表 7-1　NAT 配置实验 IP 地址表

设备	接口	VLAN	IP 地址	网关地址	说明
PC1	/	10	192.168.1.1/24	192.168.1.254	配电部
PC2	/	20	192.168.2.1/24	192.168.2.254	营销部
CS1	VLAN 10	10	192.168.1.254/24	/	配电部网关
	VLAN 20	20	192.168.2.254/24	/	营销部网关
	VLAN 100	100	10.1.1.2/24	/	连接 CSW
	Loopback0	/	1.1.1.1/32	/	Router-id

续表

设备	接口	VLAN	IP 地址	网关地址	说明
CS2	VLAN 30	30	192.168.3.254/24	/	服务器区网关
	VLAN 200	200	10.2.2.2/24		连接 CS2
	Loopback0	/	2.2.2.2/32	/	Router-id
CSW	VLAN 100	100	10.1.1.1/24	/	连接 CS1
	VLAN 200	200	10.2.2.1/24	/	连接 CS2
	Loopback0	/	3.3.3.3/32	/	Router-id
Server	G0/0	30	192.168.3.1/24	192.168.3.254	Server

（5）出于安全性考虑，不允许配电部 PC 访问营销部 PC。

（6）Server 上部署有 FTP 服务和 Telnet 服务。要求配电部 PC 可以访问 Server 的 FTP 服务，但不能访问 Telnet 服务；营销部 PC 可以访问 Server 的 Telnet 服务，但不能访问 FTP 服务。

（三）实验步骤

（1）按照实验拓扑，修改设备名称，命令（略）。

（2）在 CS1 上创建 VLAN 10 和 VLAN 20，把连接 PC1 和 PC2 的接口分别加入 VLAN 10 和 VLAN 20；在 CS2 上创建 VLAN 30，把连接 Server 的接口加入 VLAN 30，命令（略）。

（3）按照表 7-1 所示，为各设备配置 IP 地址，命令（略）。CS1、CS2 和 CSW 需要把互连的接口加入互连 VLAN 后，为 VLAN 创建 VLAN-Interface 并配置 IP 地址。

（4）由于 PC 和 Server 都使用路由器模拟，因此为 PC 和 Server 配置 IP 地址需要通过命令在设备的 G0/0 口上配置。同时 PC 和 Server 的网关需要通过默认路由来配置。为了验证实验效果，在 Server 上配置 FTP 和 Telnet 服务。本实验中仅试验访问控制效果，只需开启 FTP 和 Telnet 服务即可，并不进行完整的 FTP 和 Telnet 配置。

```
[PC1]interface g0/0
[PC1-GigabitEthernet0/0]ip address 192.168.1.1 24
[PC1]ip route-static 0.0.0.0 0 192.168.1.254

[PC2]interface g0/0
[PC2-GigabitEthernet0/0]ip address 192.168.2.1 24
[PC2]ip route-static 0.0.0.0 0 192.168.2.254
```

```
[Server]interface g0/0
[Server-GigabitEthernet0/0]ip address 192.168.3.1 24
[Server]ip route-static 0.0.0.0 0 192.168.3.254

[Server]ftp server enable                        //开启 FTP 服务
[Server]telnet server enable                     //开启 Telnet 服务
[Server]user-interface vty 0 4                    //进入虚拟终端视图
[Server-line-vty0-4]authentication-mode scheme   //设置 Telnet 验证
```

（5）在 CS1、CS2 和 CSW 上配置 OSPF，实现网络路由互通。

```
[CS1]ospf router-id 1.1.1.1
[CS1-ospf-1]area 0
[CS1-ospf-1-area-0.0.0.0]network 10.1.1.0 0.0.0.255
[CS1-ospf-1-area-0.0.0.0]network 192.168.1.0 0.0.0.255
[CS1-ospf-1-area-0.0.0.0]network 192.168.2.0 0.0.0.255
[CS1-ospf-1-area-0.0.0.0]network 1.1.1.1 0.0.0.0

[CS2]ospf router-id 2.2.2.2
[CS2-ospf-1]area 0
[CS2-ospf-1-area-0.0.0.0]network 10.2.2.0 0.0.0.255
[CS2-ospf-1-area-0.0.0.0]network 192.168.3.0 0.0.0.255
[CS2-ospf-1-area-0.0.0.0]network 2.2.2.2 0.0.0.0

[CSW]ospf router-id 3.3.3.3
[CSW-ospf-1]area 0
[CSW-ospf-1-area-0.0.0.0]network 10.1.1.0 0.0.0.255
[CSW-ospf-1-area-0.0.0.0]network 10.2.2.0 0.0.0.255
[CSW-ospf-1-area-0.0.0.0]network 3.3.3.3 0.0.0.0
```

（6）路由配置完成后，测试 PC1、PC2 与 Server 之间都可以通 PING，命令（略）。

（7）测试 PC1 和 PC2 都能成功访问 Server 的 FTP 和 Telnet 服务。

```
<PC1>ftp 192.168.3.1       //连接 192.168.3.1 的 FTP 服务，命令必须在用户视
                             图使用
Press CTRL+C to abort.
Connected to 192.168.3.1 (192.168.3.1).
220 FTP service ready.
User (192.168.3.1:(none)): //能出现输入用户名的登录界面说明可以成功访问
                             FTP 服务

<PC1>telnet 192.168.3.1    //连接 192.168.3.1 的 Telnet 服务，命令必须
                             在用户视图使用
```

```
Trying 192.168.3.1 ...
Press CTRL+K to abort
Connected to 192.168.3.1 ...

******************************************************************
***************
* Copyright (c) 2004-2021 New H3C Technologies Co., Ltd. All rights
reseved.
* Without the owner's prior written consent,
* no decompiling or reverse-engineering shall be allowed.
******************************************************************
***************
```

Login://能出现输入用户名的登录界面说明可以成功访问 Telnet 服务

```
<PC2>ftp 192.168.3.1
Press CTRL+C to abort.
Connected to 192.168.3.1 (192.168.3.1).
220 FTP service ready.
User (192.168.3.1:(none)): //能出现输入用户名的登录界面说明可以成功访问
                                                    FTP 服务

<PC2>telnet 192.168.3.1
Trying 192.168.3.1 ...
Press CTRL+K to abort
Connected to 192.168.3.1 ...

******************************************************************
***************
* Copyright (c) 2004-2021 New H3C Technologies Co., Ltd. All rights
reseved.
* Without the owner's prior written consent,
* no decompiling or reverse-engineering shall be allowed.
******************************************************************
***************
```

Login://能出现输入用户名的登录界面说明可以成功访问 Telnet 服务

（8）在 CS1 上创建基本 ACL，拒绝源地址为 192.168.1.0 网段的数据包，并在 VLAN-Interface 20 接口出方向应用 Packet-filter 来实现配电部不能访问营销部。基本 ACL 只检查源地址，如果 Packet-filter 应用在 VLAN-Interface 10 接口入方向则会导致配电部 PC 访问所有其他网段都被拒绝。

```
[CS1]acl basic 2000        //创建 2000 号基本 ACL
[CS1-acl-ipv4-basic-2000]rule deny source 192.168.1.0 0.0.0.255
                          //创建自动编号规则，拒绝源地址前三段是 192.168.1
                          的数据包

[CS1]interface Vlan-interface 20
[CS1-Vlan-interface20]packet-filter 2000 outbound
                      //在 VLAN-Interface 20 的三层接口出方向应用
                          Packet-filter，并引用 ACL 2000 号
```

（9）在 CSW 上创建高级 ACL，拒绝源地址为 192.168.1.0 网段，目的地址为 192.168.3.1，目的端口为 TCP 23（Telnet 服务）的数据包，拒绝源地址为 192.168.2.0 网段，目的地址为 192.168.3.1，目的端口为 TCP 20 和 21（FTP 服务）的数据包。并在 VLAN-Interface 100 接口的入方向应用 Packet-filter，来实现配电部不能访问 Server 的 Telnet 服务，营销部不能访问 Server 的 FTP 服务的效果。这里要注意，由于 H3C 的 ACL 调用在 Packet-filter 时默认动作是允许，因此无需专门配置允许访问的规则。另外，对于 CSW 来说，无论是来自配电部还是营销部的流量，都是从 VLAN-Interface 100 收到的，所以在该接口入方向应用 Packet-filter 即可。

```
[CSW]acl advanced 3000      //创建 3000 号高级 ACL
[CSW-acl-ipv4-adv-3000]rule deny tcp source 192.168.1.0 0.0.0.255
destination 192.168.3.1 0 destination-port eq 23
                          //创建自动编号规则，动作为拒绝，源地址前三段为
                              192.168.1，目的地址为 192.168.3.1，目的端
                              口为 TCP 23
[CSW-acl-ipv4-adv-3000]rule deny tcp source 192.168.2.0 0.0.0.255
destination 192.168.3.1 0 destination-port range 20 21
                          //创建自动编号规则，动作为拒绝，源地址前三段为
                              192.168.2，目的地址为 192.168.3.1，目的端
                              口为 TCP 20 和 21

[CSW]interface Vlan-interface 100
[CSW-Vlan-interface100]packet-filter 3000 inbound
                      //在 VLAN-Interface 100 的三层接口入方向应用
                          Packet-filter，并引用 ACL 3000 号
```

（四）结果验证

（1）在 PC1 上测试，已经无法 PING 通 PC2。

```
<PC1>ping 192.168.2.1
Ping 192.168.2.1 (192.168.2.1): 56 data bytes, press CTRL+C to break
Request time out
Request time out
Request time out
Request time out
Request time out
```

（2）在 PC1 上测试，可以访问 Server 的 FTP 服务，但无法访问 Server 的 Telnet 服务。

```
<PC1>ftp 192.168.3.1
Press CTRL+C to abort.
Connected to 192.168.3.1 (192.168.3.1).
220 FTP service ready.
User (192.168.3.1:(none)):

<PC1>telnet 192.168.3.1
Trying 192.168.3.1 ...
Press CTRL+K to abort
Connected to 192.168.3.1 ...
Failed to connect to the remote host!
```

（3）在 PC2 上测试，可以访问 Server 的 Telnet 服务，但无法访问 Server 的 FTP 服务。

```
<PC2>telnet 192.168.3.1
Trying 192.168.3.1 ...
Press CTRL+K to abort
Connected to 192.168.3.1 ...


******************************************************************
***************
* Copyright (c) 2004-2021 New H3C Technologies Co., Ltd. All rights
resrved.
* Without the owner's prior written consent,
* no decompiling or reverse-engineering shall be allowed.
******************************************************************
***************

Login:

<PC2>ftp 192.168.3.1
Press CTRL+C to abort.
ftp: connect: Connection timed out
```

第二节 NAT 技术

一、NAT 技术介绍

在前面 IP 协议的章节中已经学习了 IPv4 地址。IPv4 地址由 IANA（互联网数字分配机构）管理。IANA 把 IPv4 地址按照不同的国家或地区进行分配。我国的 IPv4 地址由 IANA 分配给 CNNIC（中国互联网络信息中心）管理。CNNIC 再把分配得到的 IPv4 地址按照地区分配给不同的运营商。所以每个宽带用户要上网，都会由运营商分配 IPv4 地址。但是 IPv4 地址资源早就已经全部耗尽，所以要给每台主机都分配一个 IPv4 地址，肯定是不够分的，在这个背景下有了私有地址的概念。

IPv4 地址分为公网地址和私有地址。公网地址是全球唯一，互联网上可以进行寻址的地址，而私有地址是可以随意使用，但在互联网上是无法寻址的地址。如果只是希望组建一个内部网络，并不需要每台计算机都能在互联网上被寻址，就可以使用私有地址来规划网络。

如表 7-2 所示，A、B、C 三类地址中各自有一部分属于私有地址。169.254.×.× 是自动私有地址，当计算机网卡的 IP 地址设置为自动获取地址，但找不到 DHCP 服务器时，就会自动产生一个自动私有地址。自动私有地址仅用于同网段内部访问。100.64.×.×-100.127.×.× 是运营商专用私有地址。由于互联网的发展速度太快，运营商的公网地址也不够用了，因此，也开始使用私有地址进行城域网的规划。

表 7-2 私 有 地 址

地址类型	IP 地址范围
A 类地址	10.×.×.×
B 类地址	172.16.×.×-172.31.×.×
C 类地址	192.168.×.×
自动私有地址	169.254.×.×
运营商专用私有地址	100.64.×.×-100.127.×.×

私有地址是无法直接访问互联网的。但其实要查看一下自己的计算机就能发现计算机获得的都是私有地址，但是仍然可以访问互联网，这是什么原因呢？

使私有地址的主机能够访问互联网主要是依靠 NAT 技术。NAT 是网络地址转换技术。NAT 通过将私有地址和公网地址互相转换，使私网和公网能够互通。

二、NAT 的类型（NAPT、Easy IP、NAT Server）

目前主要使用的 NAT 技术是 NAPT、Easy IP 和 NAT Server 三种类型，接下来依次进行介绍。

（一）NAPT

NAPT 通过把私有地址主机访问互联网的请求数据包的源地址与源端口转换为公网地址和端口的方法，来使私有地址主机可以访问互联网。

如图 7-4 所示，企业内网有一台 PC 配置私有地址，出口路由器通过宽带接入互联网，获得了一个公网地址。当私有地址 PC 想要访问互联网上的某个 HTTP 服务器时，封装数据包源 IP 地址是本机私有地址，目的 IP 地址是目的服务器公网地址，目的端口是服务器的 HTTP 端口 80，源端口随机使用 3000。

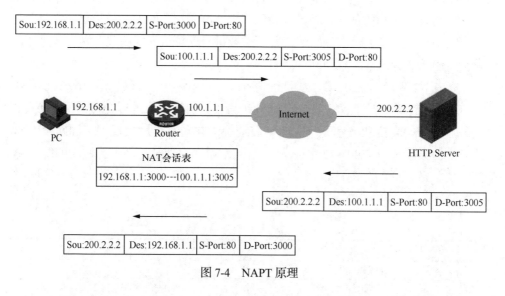

图 7-4　NAPT 原理

数据包到达 Router 后，如果配置了 NAPT，则把数据包的源 IP 地址更改为公网地址，源端口也进行转换，并把转换关系记录在 NAT 会话表中。

转换之后的数据包，源地址和目的地址都是公网地址，可以正常在公网中转发至目的服务器。

服务器收到请求后，发送回应数据包，源地址和目的地址与收到的请求包相反，端口也相反。该数据包的目的地址是 Router 的公网地址。

Router 收到回应数据包后，检查数据包的目的地址和目的端口，发现与 NAT

Session 表中的记录一致，则按照对应关系把数据包的目的地址和目的端口还原成
PC 的私有地址和端口，再路由转发至内网 PC。这样一来，私有地址的 PC 也能
够正常访问互联网了。而且 NAPT 不仅转换地址，还转换端口。因此可以实现一
个公网地址供多个私有地址主机使用来访问互联网。

（二）Easy IP

配置 NAPT 时，需要配置一个公网地址池。当企业在运营商获得了多个公网
地址时，可以把多个公网地址都加入地址池。路由器在把源地址转换为公网地址
时会从地址池中取一个进行转换。但是大部分的中小企业和个人用户的宽带都不
是固定公网地址，公网地址每隔一段时间会发生变化。所以，如果使用 NAPT 的
话，就没法配置地址池。

这种情况下可以使用 Easy IP。Easy IP 的原理与 NAPT 一模一样，没有任何
区别。它只是 NAPT 的一种简易配置方式。Easy IP 不需要配置地址池，直接在
当前公网接口上应用 NAT。路由器会将数据包的源 IP 地址转换为公网口当前的
IP 地址。当没有固定公网地址时，使用 Easy IP 就是最好的选择。

（三）NAT Server

NAPT 可以使内网的私有地址主机访问互联网。如果是内网中有一台私有地
址的服务器，想要互联网上的用户可以访问的话，NAPT 就解决不了这个问题了。
这时需要的是 NAT Server 技术。

NAT Server 又称端口映射技术，通过把互联网上用户主动请求内网服务器的
数据包的目的地址与目的端口转换为私有地址的方法，来使互联网上的用户可以
主动访问内部私有地址服务器。

如图 7-5 所示，某企业内网有一台 HTTP Server，配置私有地址，Router 是
出口路由器，连接宽带获得了公网地址。企业希望服务器的 HTTP 服务能够被互
联网上的用户访问，就需要在 Router 的公网口上配置 NAT Server，把公网地址的
80 端口与服务器私有地址的 80 端口进行映射绑定。

互联网上的用户 PC 要访问内网服务器的 HTTP 服务时，发出的请求包目的
地址是 Router 的公网地址。

Router 收到请求包后，发现数据包的目的 IP 与端口被映射到了服务器的私
有地址，于是把数据包的目的地址更改为服务器的私有 IP 地址，目的端口也进
行转换。

转换之后的数据包发往内网服务器。服务器收到后，发出回应数据包，源地

址与目的地址与收到的请求包相反，源端口与目的端口也相反。

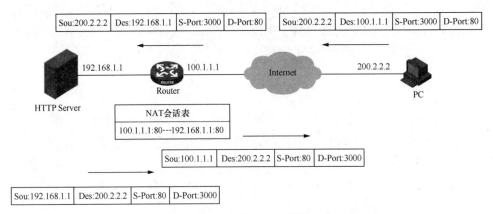

图 7-5   NAT Server 原理

回应数据包到达 Router 后，Router 按照转换会话记录，把数据包的源地址与源端口还原成路由器的公网地址和端口，再通过公网发送给公网上的 PC。这样一来，就能实现互联网上的用户主动访问内部私有地址的服务器了。

三、NAT 相关命令

- **nat address-group** {group-number}

功能：该命令用于创建 NAT 公网地址池。

解释：group-number 为地址池编号。

举例：创建 1 号 NAT 地址池。

```
[H3C]nat address-group 1
```

- **address** {start-address} {end-address}

功能：该命令用于配置 NAT 地址池中的地址范围。

解释：start-address 为起始地址，end-address 为结束地址。

举例：配置 NAT 1 号地址池中的公网地址为 100.1.1.1-100.1.1.5。

```
[H3C-address-group-1]address 100.1.1.1 100.1.1.5
```

- **nat outbound** {acl-number} {group-number}

功能：该命令用于在接口应用 NAPT。

解释：acl-number 为调用的 ACL 编号。该 ACL 用于匹配需要被地址转换的数据包。group-number 为调用的地址池编号。命令中不配置 group-number 则该功能为 Easy IP。

举例 1：在公网口应用 NAPT，对匹配 ACL 2000 号的数据包进行地址转换，转换源地址为地址池 1 号中的地址。

`[H3C-GigabitEthernet0/0]`**`nat outbound 2000 address-group 1`**

举例 2：在公网口应用 Easy IP，对匹配 ACL 2000 号的数据包进行地址转换，转换源地址为当前公网口地址。

`[H3C-GigabitEthernet0/0]`**`nat outbound 2000`**

● **nat server** [protocol {protocol}] global {address} {port} inside {address} {port}

功能：该命令用于配置 NAT Server。

解释：protocol 为要映射的端口所属协议，TCP 或 UDP 或 ICMP 等，如不配置 protocol 则代表全端口映射。global 后的 address 和 port 为公网地址和端口，inside 后的 address 和 port 为私有地址和端口。

举例：配置 NAT Server，映射公网地址 100.1.1.1 的 TCP 80 端口至私有地址 192.168.1.1 的 80 端口。

`[H3C-GigabitEthernet0/0]`**`nat server protocol tcp global 100.1.1.1 80 inside 192.168.1.1 80`**

四、NAT 配置实验

（一）实验拓扑

NAT 配置实验拓扑如图 7-6 所示。

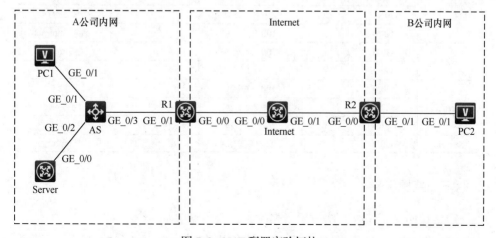

图 7-6　NAT 配置实验拓扑

（二）实验需求

（1）如图 7-6 所示，电网 A 公司接入交换机 AS 下连配电部的 PC 和一台服务器，上连出口路由器 R1。R1 通过宽带接入互联网。B 公司 R2 作为出口路由器连接宽带到互联网，下连 PC2。由于模拟器功能限制，本实验中 Server 使用路由器来模拟。

（2）配电部规划在 VLAN 10，IP 网段为 192.168.1.0/24。Server 规划在 VLAN 20，IP 网段为 192.168.2.0/24。详细 IP 地址配置见表 7-3。

（3）A 公司内网配置单臂路由实现 VLAN 三层互通。

（4）R1 和 R2 上配置默认路由，下一跳指向 Internet。

（5）A 公司拥有公网网段 100.1.1.0/29，配置 NAPT，使配电部 PC 与 Server 能够访问互联网。

（6）B 公司的宽带没有固定公网地址，配置 Easy IP 使内网 PC 可以访问互联网。

（7）Internet 上创建 Loopback 口模拟一个互联网业务地址。

（8）A 公司配置 NAT Server 使互联网上的用户可以通过公网地址 100.1.1.5 访问 Server 的 Telnet 服务。

表 7-3　NAT 实验 IP 地址表

设备	接口	VLAN	IP 地址	网关地址	说明
PC1	/	10	192.168.1.1/24	192.168.1.254	配电部
PC2	/	/	192.168.1.1/24	192.168.1.254	/
R1	G0/1.1	10	192.168.1.254/24	/	配电部网关
	G0/1.2	20	192.168.2.254/24	/	服务器区
	G0/0	/	100.1.1.1/29	/	连接 Internet
R2	G0/0	/	200.2.2.2/24	/	连接 Internet
	G0/1	/	192.168.1.254/24	/	内网网关
Internet	G0/0	/	100.1.1.6/29	/	连接 R1
	G0/1	/	200.2.2.1/24	/	连接 R2
	Loopback0	/	202.1.1.1/24	/	模拟互联网
Server	G0/0	20	192.168.2.1/24	192.168.2.254	Server

（三）实验步骤

（1）按照实验拓扑，修改设备名称，命令（略）。

（2）按照表 7-3，配置各设备 IP 地址。由于 Server 使用路由器模拟，因此为

Server 配置 IP 地址需要通过命令在设备的 G0/0 口上配置，同时 Server 的网关需要通过默认路由来配置，命令（略）。

（3）在 AS 上创建 VLAN 10 和 VLAN 20，把连接 PC1 的接口加入 VLAN 10，连接 Server 的接口加入 VLAN 20，连接 R1 的接口配置为 Trunk，允许 VLAN 10 和 VLAN 20 通过，命令（略）。

（4）由于 A 公司使用单臂路由，R1 上需要创建子接口分别绑定 VLAN 10 与 VLAN 20，并配置 IP 地址。

```
[R1]interface g0/1.1
[R1-GigabitEthernet0/1.1]vlan-type dot1q vid 10
[R1-GigabitEthernet0/1.1]ip add 192.168.1.254 24
[R1-GigabitEthernet0/1.1]interface g0/1.2
[R1-GigabitEthernet0/1.2]vlan-type dot1q vid 20
[R1-GigabitEthernet0/1.2]ip add 192.168.2.254 24
```

（5）在 R1 和 R2 上配置默认路由，下一跳指向互联网，使公网互通。

```
[R1]ip route-static 0.0.0.0 0 100.1.1.6
[R2]ip route-static 0.0.0.0 0 200.2.2.1
```

（6）在 R1 上创建 ACL，匹配需要访问互联网的内部私有地址。

```
[R1]acl basic 2000
[R1-acl-ipv4-basic-2000]rule permit source 192.168.1.0 0.0.0.255
[R1-acl-ipv4-basic-2000]rule permit source 192.168.2.0 0.0.0.255
```

（7）在 R1 上创建公网地址池，地址范围为 100.1.1.1—100.1.1.5。

```
[R1]nat address-group 1      //创建 1 号 NAT 地址池
[R1-address-group-1]address 100.1.1.1 100.1.1.5  //配置地址池地址范围
```

（8）在 R1 的公网接口上配置 NAPT，调用 ACL 2000 和 1 号地址池。

```
[R1]interface g0/0
[R1-GigabitEthernet0/0]nat outbound 2000 address-group 1
                      //在公网口应用 NAPT，调用 ACL 2000 和 1 号地
                        址池
```

（9）在 R2 上创建 ACL，匹配需要访问互联网的内部私有地址，并在 R2 的公网口上配置 Easy IP，调用 ACL 2000 号。

```
[R2]acl basic 2000
[R2-acl-ipv4-basic-2000]rule permit source 192.168.1.0 0.0.0.255
[R2]interface g0/0
```

```
[R2-GigabitEthernet0/0]nat outbound 2000    //在公网口应用 Easy IP, 调
                                             用 ACL 2000
```

（10）在 R1 的公网口上配置 NAT Server, 绑定 100.1.1.5 的 TCP 23 端口与 192.168.2.1 的 TCP 23 端口。

```
[R1]interface g0/0
[R1-GigabitEthernet0/0]nat server protocol tcp global 100.1.1.5 23
inside 192.168.2.1 23
```

（四）结果验证

（1）在 Server 上开启 Telnet 服务。

```
[Server]telnet server enable    //开启 Telnet 服务
[Server]user-interface vty 0 4    //进入虚拟终端视图
[Server-line-vty0-4]authentication-mode scheme    //设置 Telnet 验证
```

（2）在 PC1、PC2 与 Server 上测试, 可以 PING 通 Internet 的互联网地址, 命令（略）。

（3）在 PC2 上可以通过 100.1.1.5 登录 Server 的 Telnet 服务。

```
<H3C>telnet 100.1.1.5
Trying 100.1.1.5 ...
Press CTRL+K to abort
Connected to 100.1.1.5 ...
******************************************************************
***************
* Copyright (c) 2004-2021 New H3C Technologies Co., Ltd. All rights
reserved.*
* Without the owner's prior written consent,
*
* no decompiling or reverse-engineering shall be allowed.
*
******************************************************************
***************
Login:
```

第八章 局域网安全与维护

第一节 局域网安全综述

一、局域网管理面临的问题

把网络连通，使计算机可以互访只是完成了网络部署的基本工作。在网络的使用过程中，还需要进行维护和管理。比如当业务环境发生了变更，有新设备的加入，有网络结构的改动，都需要对网络中设备的配置进行更新。另外，网络的运维人员也需要对网络中设备的运行状态进行监控。当设备有运行异常时，运维人员能够在第一时间发现，并通过调整来使网络恢复正常。目前局域网的维护和管理主要通过以下几种技术。

（一）网络设备的监控技术

作为运维人员，需要时刻关注设备的关键参数。如设备的 CPU 使用率、内存使用率、磁盘空间使用率、接口状态等。一旦这些关键参数发生异常，可能就会导致网络卡顿甚至中断。但是一个企业的局域网中设备数量可能很多，这就需要一种技术可以实现在一台管理机上实时监控所有设备的运行状态及关键参数。目前主流使用的是 SNMP 协议来实现该效果。

SNMP 是简单网络管理协议。能够把一台 PC 或服务器配置为 NMS（网管机），使 Agent（网络中需要被监管的设备）自动的周期性向 NMS 上报关键参数，并且一旦 Agent 发生异常，会自动向 NMS 发送告警消息。这样一来，运维人员只需要登录 NMS，就能实时监控网络中所有设备的运行状态，并了解网络设备有无异常了。

（二）网络设备远程管理技术

当网络部署完毕，所有设备都上架安装到位后，如果某台路由器或交换机需要进行配置的变更，运维人员不可能再用 Console 线到设备旁连接登录。这时需要所有的网络设备能够通过网络被运维人员远程登录来进行配置。

前面提到的 Telnet 就是一种经典的远程管理技术。把网络设备配置成为 Telnet 服务器，运维人员的电脑就可以作为客户端通过网络远程登录到设备，并通过命令行来对设备进行配置。

二、局域网安全面临的问题

当网络设备运维通过网络来被监控和管理时，也存在一定的风险。由于监控和管理是需要较高权限才能进行的行为，因此一旦监控和管理权限泄露，就很可能发生设备被恶意劫持，被恶意篡改配置等安全事件。

对于 SNMP 协议，一般会通过两种方法来保障安全性。第一种是配置团体名。团体名类似访问密码，当把设备配置为 SNMP Agent 时，可以配置一个团体名。这样一来，NMS 想要获取设备的关键参数，就需要提供一致的团体名，否则 Agent 将拒绝提供信息。攻击者在不知晓团体名时，将无法获取设备的关键参数。第二种是把设备配置为 SNMP Agent 时，可以引用 ACL，来限制只有指定 IP 地址的 NMS 才能对设备进行监控。

对于远程登录技术，需要考虑的安全要素相对较多。第一是运维人员账户密码的安全问题，可以通过配置密码安全策略，来强制规定账户密码必须满足一定的复杂性要求，并且还可以强制规定密码必须隔一段时间修改一次，来加强账户密码的安全防护。第二是在配置 远程访问时引用 ACL，来限制只有指定 IP 地址的客户端才能远程登录设备。第三是使用更安全的 SSH 来代替 Telnet 协议，因为 Telnet 协议采用明文传输，并不对传输的信息进行加密，所以存在信息泄露或者数据被窃听的风险。

第二节 访 问 控 制

一、Telnet 与 SSH

在前面介绍交换机与路由器的登录方式时，提到了两种方法。一种是通过 Console 线本地连接，另外一种方式是远程连接。远程连接是通过 IP 网络远程登录到交换机和路由器，这种连接方式的优点在于可以无视距离。只要管理员电脑和设备之间的网络可达，无论在什么位置，都可以登录到设备进行配置。远程连接的方法分为两种，分别是 Telnet 和 SSH。

（一）Telnet

Telnet 是远程登录协议，基于 IP 网络实现远程连接到服务器，并对主机进行命令行操作。Telnet 服务器可以是 Windows 或 Linux 系统的主机，也可以是交换机、路由器等网络设备。长期以来 Telnet 都是运维人员管理网络设备和主机的主要手段。但是 Telnet 也存在安全性差的问题。Telnet 虽然提供了用户名和密码的身份认证功能，但 Telnet 不对传输的数据进行加密，也不对用户的身份真实性做检查。在网络中使用 Telnet 来管理设备和主机，非常容易泄露密码、设备配置等机密信息。

（二）SSH

SSH 是安全外壳协议。与 Telnet 一样，SSH 也是基于 IP 网络来实现远程连接服务器，并对服务器进行命令行操作的协议。不同之处在于 SSH 是一种安全的协议。SSH 支持数据传输的加密，使攻击者无法窃听密码等信息。SSH 还支持通过公钥文件进行用户身份认证，避免用户身份被伪造，也保证了数据的完整性。在实际环境中，一般都使用 SSH 来代替 Telnet 对设备进行远程配置和管理。

在使用 SSH 时，还可进一步绑定 ACL，限制只有匹配该 ACL 的客户端可以使用 SSH 连接本机。

SSH 配置方法如下：

（1）开启 SSH 服务。可选择是否绑定 ACL 来限制可远程连接本设备的 IP 地址（ACL 2000 规则已创建好）。

```
[H3C]ssh server enable     //开启 SSH 服务
[H3C]ssh server acl 2000 //绑定 ACL 2000，只有匹配该 ACL 的客户端可以连接
```

（2）创建用户，并指定用户的服务类型为 SSH。

```
[H3C]local-user h3c class manage     //创建管理员用户，用户名 h3c
[H3C-luser-manage-h3c]password simple 123456.com //配置用户密码为
                                        123456.com
[H3C-luser-manage-h3c]service-type ssh //指定该用户可用于 SSH 身份认证
[H3C-luser-manage-h3c]authorization-attribute user-role level-15
                      //指定该用户为级别 15，最高管理员权限
```

（3）在虚拟终端视图配置远程连接协议为 SSH，并设置身份认证模式为用户

名密码认证。

```
[H3C]user-interface vty 0 4                    //进入虚拟终端视图
[H3C-line-vty0-4]authentication-mode scheme
//配置认证模式为用户名密码认证
[H3C-line-vty0-4]protocol inbound ssh    //配置协议为SSH
```

二、Console 登录验证

由于 Console 线缆长度的限制，因此使用 Console 连接设备需要操作者身处设备附近。虽然看起来这种方式不容易被非法登录，但是如果不对 Console 登录进行验证的话，也无法保证设备配置的安全性。

在实际环境中，一般都需要对 Console 登录进行密码验证。配置方法如下：

```
[H3C]local-user h3c class manage      //创建管理员用户，用户名 h3c
[H3C-luser-manage-h3c]password simple 123456.com
                                      //配置用户密码为 123456.com
[H3C-luser-manage-h3c]service-type terminal
                                      //指定该用户可用于 Console 身份认证
[H3C-luser-manage-h3c]authorization-attribute user-role level-15
                                      //指定该用户为级别 15，最高管理员权限
[H3C]user-interface console 0         //进入 Console 配置视图
[H3C-line-console0]authentication-mode scheme
                                      //配置验证模式为用户名密码认证
```

三、密码安全策略

H3C 的交换机与路由器在很多功能上都需要创建用户来进行身份验证。比如 Telnet，SSH，PPPOE，802.1X，Portal 等。创建用户时需要为该用户设置密码。出于安全考虑，密码设置的越复杂越不容易被破解。为了防止用户设置太过简单的密码导致密码被破解，H3C 设备提供密码安全策略，来强制用户设置的密码必须符合某种规则，否则密码无效。并且还可设置用户登录失败指定次数后锁定用户等功能。下面对密码安全策略相关命令及效果进行说明。

● **password-control enable** [network-class]
功能：该命令用于开启密码安全策略功能。
解释：默认情况下，manage-class 类型的用户和 network-class 类型的用户都关闭密码安全策略功能。输入 network-class 后仅对该类型用户开启密码安全策略。不输入则对所有类型用户开启密码安全策略功能。

举例：开启密码安全策略。

[H3C]**password-control enable**

- **password-control** { aging | composition | history | length } enable
功能：该命令用于开启密码安全策略的某项功能。

解释：aging 为开启密码有效期功能，composition 为密码复杂性要求功能，history 为记住用户历史密码功能，length 为用户密码长度要求功能。上述功能皆默认开启。

举例：关闭密码复杂性要求功能。

[H3C]**undo password-control composition**

- **password-control** days
功能：该命令用于配置密码有效期。

解释：密码有效期默认为开启状态，有效期默认为 90 天，days 为要更改的有效期天数。

举例：配置密码有效期为 60 天。

[H3C]**password-control aging 60**

- **password-control update-interval** hours
功能：该命令用于配置修改密码的最小时间间隔。

解释：hours 为修改密码的最小时间间隔的小时数。

举例：配置密码可随时修改。

[H3C]**password-control update-interval 0**

- **password-control composition type-number** type-number [**type-length** type- length]
功能：该命令用于配置密码复杂性要求。

解释：type-number 为要求密码最少有几种元素组成，type-length 为每种元素最少几个字符。元素包含大写字母，小写字母，数字，符号 4 种类型。

举例：配置密码要求至少混合 3 种元素，每种元素至少 2 个字符。

[H3C]**password-control composition type-number 3 type-length 2**

- **password-control length** length
功能：该命令用于配置密码最小长度要求。

解释：length 为最小密码长度的字符数。

举例：配置密码最小长度要求为 10 个字符。

```
[H3C]password-control length 10
```

● **password-control login-attempt** number **exceed** [lock | lock-time][minutes]

功能：该命令用于配置用户登录失败的账户锁定策略。

解释：number 为登录失败的次数，仅配置 lock 为登录失败达到指定次数后禁止该用户在该 IP 上继续登录，配置 lock-time minutes 为登录失败达到指定次数后锁定账户若干分钟之后自动解除锁定。

举例：配置用户登录失败 3 次后锁定用户 30 min。

```
[H3C]password-control login-attempt 3 exceed lock-time 30
```

第三节　局域网安全与维护配置实验

（一）实验拓扑

设备安全与维护综合实验拓扑如图 8-1 所示。

（二）实验需求

（1）如图 8-1 所示，某公司楼层接入交换机 AS 下连配电部的 PC 和运维部 PC，上连汇聚交换机 CS。

（2）配电部规划在 VLAN 10，IP 网段为 192.168.1.0/24。运维部规划在 VLAN 20，IP 网段为 192.168.2.0/24。详细 IP 地址配置见表 8-1。

（3）VLAN 20 为网络的管理 VLAN，接入交换机也在 VLAN 20 配置 IP 地址进行管理。

（4）接入交换机与汇聚交换机都要求开启密码安全策略，要求用户的密码长度不少于 10 个字符，复杂性至少混合 3 种元素，密码有效期为 60 天。并开启登录失败的账户锁定策略，登录失败 5 次后用户锁定 30min。

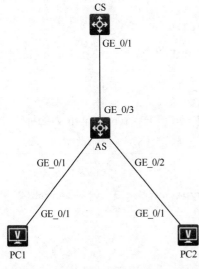

图 8-1　设备安全与维护综合实验拓扑

（5）接入交换机与汇聚交换机配置 Console 登录验证，需要使用管理员用户名与密码进行验证。

（6）接入交换机与汇聚交换机配置 SSH 远程连接，需要使用管理员用户名与密码进行验证。同时限制只有运维部的 PC 能够远程连接设备。

表 8-1　局域网安全与维护综合实验 IP 地址表

设备	接口	VLAN	IP 地址	网关地址	说明
PC1	/	10	192.168.1.100/24	192.168.1.254	配电部
PC2	/	20	192.168.2.100/24	192.168.2.254	运维部
AS	VLAN 20	20	192.168.2.1/24	/	管理地址
CS	VLAN 10	10	192.168.1.254	/	配电部网关
	VLAN 20	20	192.168.2.254	/	运维部网关/管理地址

（三）实验步骤

（1）按照实验拓扑，修改设备名称，命令（略）。

（2）在 AS 上创建 VLAN 10 和 VLAN 20，把连接 PC1 的接口加入 VLAN 10，连接 PC2 的接口加入 VLAN 20，连接 CS 的接口配置为 Trunk，允许 VLAN 10 和 VLAN 20 通过。在 CS 上创建 VLAN 10 和 VLAN 20，把连接 AS 的接口配置为 Trunk 类型，并允许 VLAN 10 和 VLAN 20 通过，命令（略）。

（3）按照表 8-1，创建 AS 与 CS 的 VLAN-Interface，并配置 IP 地址。命令（略）。

（4）在 AS 和 CS 上配置密码安全策略。使用户的密码长度不少于 10 个字符，复杂性至少混合 3 种元素，密码有效期为 60 天。并开启登录失败的账户锁定策略，登录失败 5 次后用户锁定 30min。

```
[AS]password-control enable      //开启密码安全策略
[AS]password-control length 10   //限制密码最小长度为 10 字符
[AS]password-control composition type-number 3
                                 //限制密码必须至少混合 3 种元素
[AS]password-control aging 60    //设置密码有效期为 60 天
[AS]password-control login-attempt 5 exceed lock-time 30
                                 //配置登录失败 5 次后锁定账户 30min
[AS]password-control update-interval 0  //配置修改密码的最小时间间隔 0。
                                          此处为了验证实验效果，设置为
                                          可随时修改密码

[CS]password-control enable      //开启密码安全策略
[CS]password-control length 10   //限制密码最小长度为 10 字符
```

```
[CS]password-control composition type-number 3
                               //限制密码必须至少混合 3 种元素
[CS]password-control aging 60      //设置密码有效期为 60 天
[CS]password-control login-attempt 5 exceed lock-time 30
                               //配置登录失败 5 次后锁定账户 30min
[CS]password-control update-interval 0  //配置修改密码的最小时间间隔 0。
                                         此处为了验证实验效果，设置为
                                         可随时修改密码
```

（5）在 AS 和 CS 上创建用户，用于 Console 和 SSH 登录验证。这里可以验证，不符合上一步配置的密码安全策略要求的密码无法成功配置。

```
[AS]local-user h3c class manage    //创建用户
[AS-luser-manage-h3c]password simple 1234abcd!@   //配置用户密码
[AS-luser-manage-h3c]service-type ssh     //配置用户可用于 SSH 验证
[AS-luser-manage-h3c]service-type terminal
                               //配置用户可用于 Console 验证
[AS-luser-manage-h3c]authorization-attribute user-role level-15
                               //配置用户权限级别为 15

[CS]local-user h3c class manage    //创建用户
[CS-luser-manage-h3c]password simple 1234abcd!@   //配置用户密码
[CS-luser-manage-h3c]service-type ssh     //配置用户可用于 SSH 验证
[CS-luser-manage-h3c]service-type terminal //配置用户可用于 Console
                                            验证
[CS-luser-manage-h3c]authorization-attribute user-role level-15
                               //配置用户权限级别为 15
```

（6）在 AS 和 CS 上配置 Console 登录使用用户名密码验证。

```
[AS]user-interface console 0     //进入 Console 视图
[AS-line-console0]authentication-mode scheme
                               //配置 Console 验证模式为用户名密码验证

[CS]user-interface console 0     //进入 Console 视图
[CS-line-console0]authentication-mode scheme //配置 Console 验证模
                                              式为用户名密码验证
```

（7）在 AC 和 CS 上创建 ACL，匹配源地址 192.168.2.0/24 网段。并配置 SSH，使用用户名密码验证，且只有符合该 ACL 的主机可以访问。

```
[AS]acl basic 2000
[AS-acl-ipv4-basic-2000]rule permit source 192.168.2.0 0.0.0.255
[AS]ssh server enable    //开启 SSH 服务
```

```
[AS]ssh server acl 2000    //绑定 ACL 2000，只有匹配该 ACL 的客户端可以连接
[AS]user-interface vty 0 4      //进入虚拟终端视图
[AS-line-vty0-4]authentication-mode scheme  //设置验证模式为用户名密
                                              码验证
[AS-line-vty0-4]protocol inbound ssh     //设置远程连接协议为 SSH

[CS]acl basic 2000
[CS-acl-ipv4-basic-2000]rule permit source 192.168.2.0 0.0.0.255
[CS]ssh server enable      //开启 SSH 服务
[CS]ssh server acl 2000    //绑定 ACL 2000，只有匹配该 ACL 的客户端可以连接
[CS]user-interface vty 0 4      //进入虚拟终端视图
[CS-line-vty0-4]authentication-mode scheme   //设置验证模式为用户名密
                                              码验证
[CS-line-vty0-4]protocol inbound ssh     //设置远程连接协议为 SSH
```

（四）结果验证

（1）在 AS 和 CS 上退出命令行界面后，再次进入提示需要登录。使用创建的用户可以成功登录，并提示首次登录需要修改密码。这里只演示 AS。

```
Line con0 is available.


Press ENTER to get started.
login: h3c            //输入用户名
Password:             //输入密码时系统并不显示，实际已正确输入密码
First login or password reset. For security reason, you need to change
your password. Please enter your password.
old password:         //输入用户当前密码
new password:         //设置用户新密码，仍然需要满足密码策略要求
confirm:              //重复新密码
Updating user information. Please wait ... ...
<AS>%Jun  5 23:52:33:871 2023 AS PWDCTL/6/CHANGEPASSWORD:  h3c
changed the password because it is the first login of the account.
%Jun  5 23:52:33:923 2023 AS SHELL/5/SHELL_LOGIN: h3c logged in from
con0.

<AS>
```

（2）在 PC1 上登录 CS 的 SSH，无法登录。

```
<H3C>ssh 192.168.2.254      //必须在用户视图登录
Username: h3c               //输入用户名
Press CTRL+C to abort.
```

```
Connecting to 192.168.2.254 port 22
```

（3）在 PC2 上登录 CS 的 SSH，可以成功登录。

```
<H3C>ssh 192.168.2.254          //必须在用户视图登录
Username: h3c                   //输入用户名
Press CTRL+C to abort.
Connecting to 192.168.2.254 port 22.
The server is not authenticated. Continue? [Y/N]:y
Do you want to save the server public key? [Y/N]:y
h3c@192.168.2.254's password:        //输入密码
Enter a character ~ and a dot to abort.


****************************************************************
***************
* Copyright (c) 2004-2017 New H3C Technologies Co., Ltd. All rights
resrved.
* Without the owner's prior written consent,
* no decompiling or reverse-engineering shall be allowed.
****************************************************************
***************
<CS>
```

第九章 常见网络故障排除

第一节 网络故障排除方法

一、网络故障排除思路

随着技术的发展，企业网络的规模越来越大，也越来越复杂，出现故障的概率也越来越高。而随着网络中承载的业务越来越多，一旦出现网络故障，产生的影响也会越来越大。这就要求运维人员能够对网络故障进行准确快速的定位和排除。

网络故障定位和排除需要运维人员对所维护的网络非常熟悉。包括熟悉网络拓扑结构、网络中设备的类型、每台设备的配置等。如果运维人员已经具备丰富的排障经验，对于常见的故障现象首先可以根据自己的经验来尝试解决故障。如果遇到疑难故障，或者运维人员没有太丰富的排障经验，可以按照以下思路和步骤进行故障定位和排除。

（一）描述故障现象

首先应该清楚的描述故障是什么现象。故障现象一般分为连通性故障和网络质量故障。连通性故障指的是网络通信已经中断了，有某些主机之间完全无法通信。网络质量故障是指网络仍然可以连通，只是延迟较大、有丢包现象，通信断断续续等。描述现象需要说明故障产生的时间，是连通性故障还是网络质量故障、故障是一直存在还是断断续续。比如在 6 月 7 日上午 10 点发现配电部的 192.168.1.1 和 192.168.1.2 这两台 PC 无法上网，故障持续存在。

（二）收集故障信息

根据故障的现象，需要收集各种可能会导致故障的相关信息。比如相关路线上的交换机和路由器的配置，相关的 MAC 地址表和路由表等。比如配电部的 PC 全体无法上网，那么配电部的接入交换机与汇聚交换机的 VLAN 划分情况，Trunk 配置情况，生成树的工作情况，汇聚交换机的 VLAN-Interface 接口是否正常，是否有去往互联网的路由，都可能会导致配电部无法上网。那么这些信息都需要进行收集和检查。

（三）列举各种可能的原因

根据上一步收集到的信息，根据自己对协议的理解，列举出可能导致故障的原因。比如是否 VLAN 配置有错误、生成树配置错误、路由配置错误等。

（四）依次对各种原因进行排查

在排查过程中，需要注意的是，如果排查完某一个原因，没有解决故障，在尝试下一种排查方案之前需要将配置还原到一开始的状态。以免故障排查更改的配置影响网络环境。

二、网络故障排除常用方法

（一）层次化排除故障

所有的网络技术都是分层的。比如路由协议工作在三层，生成树和 VLAN 工作在二层。只有低层正常工作，高层才有可能正常。比如在配置 VLAN 间路由时，如果连 VLAN 的配置都是错的，那么 VLAN 间路由肯定也无法正常工作。所以在实际排错中，一定要按照先排除低层故障，再排除高层故障的顺序来进行。各层要关注的问题如下：

（1）物理层故障。线缆是否连通，接口是否通电，线缆长度是否超出了理论距离等。只有物理层正常，上层才可能正常工作。

（2）数据链路层故障。交换机 MAC 地址表是否正常，VLAN 是否正确配置、Trunk 是否正确配置和放行 VLAN，生成树是否正常工作等。

（3）网络层故障。网络层主要是查看 IP 地址与网关是否正确配置。如果是自动分配 IP 场景，DHCP 服务是否正常工作。再就是路由是否正确配置。如果有路由协议，路由协议的邻居是否正常建立等。

（4）传输层故障。传输层主要是 TCP 和 UDP 的问题。更多时候是和安全设备相关，这里不做详细讨论。

（5）应用层故障。应用层故障属于应用程序的问题。比如 QQ 应用程序崩溃导致无法收发消息。这个也超出了网络故障排除的范畴，不做讨论。

（二）分段排除故障

当一个故障涉及的范围较大，可以通过分段故障排除法来将故障的范围缩小。例如两台主机之间跨越了两台交换机和三台路由器，主机间不能通信。那就依次测试主机和沿途各设备的连通性，最终定位故障具体在哪台设备或哪条链路上。

（三）替换法排除故障

替换法检查硬件是否存在问题最常用的方法。例如当我们怀疑是网线问题时，就更换一条网线；当怀疑是设备问题时，就更换一台设备。这样一般可以快速的定位故障硬件。

第二节　网络故障排除综合实验

一、网络故障排除综合实验一

（一）实验拓扑

交换机故障排除综合实验拓扑如图 9-1 所示。

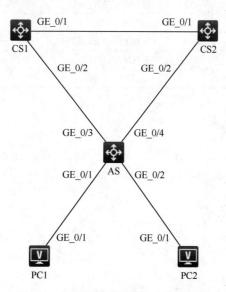

图 9-1　交换机故障排除综合实验拓扑

（二）实验需求

（1）如图 9-1 所示，电网公司某楼层接入交换机 AS 下连配电部的 PC 和营销部的 PC，上连两台汇聚交换机。

（2）配电部规划在 VLAN 10，IP 网段为 192.168.1.0/24。营销部规划在 VLAN 20，IP 网段为 192.168.2.0/24。详细 IP 地址配置见表 9-1。

（3）CS1 和 CS2 都创建 VLAN 10 和 VLAN 20 的 VLAN-Interface 三层接口，其中 CS1 作为 VLAN 10 的网关，CS2 作为 VLAN 20 的网关，具体 IP 地址规划见表 9-1。

（4）配电部 PC 的 IP 地址为手动配置静态 IP 地址，营销部 PC 的 IP 地址需要通过 DHCP 自动获取，在 CS2 上部署有 VLAN 20 的 DHCP 服务。

（5）配电部 PC 和营销部 PC 能连通各自的网关，并通过 VLAN 间路由实现三层互通。

（6）排查出网络中存在的故障并解决。

表 9-1　交换机故障排除综合实验 IP 地址表

设备	接口	VLAN	IP 地址	网关地址	说明
PC1	/	10	192.168.1.1/24	192.168.1.254	配电部
PC2	/	20	DHCP	DHCP	营销部
CS1	VLAN 10	10	192.168.1.254/24	/	配电部网关
	VLAN 20	20	192.168.2.253/24	/	营销部
CS2	VLAN 10	10	192.168.1.253/24	/	配电部
	VLAN 20	20	192.168.2.254/24	/	营销部网关
	G0/1	200	100.2.2.1/24	/	连接 R2
	Loopback0	/	202.1.1.1/24	/	模拟互联网

（三）故障环境配置

按照设备名称复制各设备配置文件并在对应设备的命令行系统视图粘贴，从而还原本题的故障环境。PC 的 IP 地址配置请自行配置。

（1）AS 配置文件。

```
#
version 7.1.075, Alpha 7571
#
sysname AS
#
```

```
 irf mac-address persistent timer
 irf auto-update enable
 undo irf link-delay
 irf member 1 priority 1
#
 lldp global enable
#
 system-working-mode standard
 xbar load-single
 password-recovery enable
 lpu-type f-series
#
vlan 1
#
vlan 20
#
stp region-configuration
 region-name h3c
 instance 1 vlan 10
 instance 2 vlan 20
 active region-configuration
#
 stp global enable
#
interface NULL0
#
interface FortyGigE1/0/53
 port link-mode bridge
#
interface FortyGigE1/0/54
 port link-mode bridge
#
interface GigabitEthernet1/0/1
 port link-mode bridge
 combo enable fiber
#
interface GigabitEthernet1/0/2
 port link-mode bridge
 port access vlan 20
 combo enable fiber
#
interface GigabitEthernet1/0/3
```

```
 port link-mode bridge
 port link-type trunk
 port trunk permit vlan 1 10 20
 combo enable fiber
#
interface GigabitEthernet1/0/4
 port link-mode bridge
 port link-type trunk
 port trunk permit vlan 1 10 20
 combo enable fiber
#
```

（2）CS1 配置文件。

```
#
version 7.1.075, Alpha 7571
#
 sysname CS1
#
 irf mac-address persistent timer
 irf auto-update enable
 undo irf link-delay
 irf member 1 priority 1
#
 lldp global enable
#
 system-working-mode standard
 xbar load-single
 password-recovery enable
 lpu-type f-series
#
vlan 1
#
vlan 10
#
vlan 20
#
stp region-configuration
 region-name h3c
 instance 1 vlan 10
 instance 2 vlan 20
 active region-configuration
#
```

```
 stp instance 1 root primary
 stp instance 2 root secondary
 stp global enable
#
interface NULL0
#
interface Vlan-interface10
 ip address 192.168.1.254 255.255.255.0
#
interface Vlan-interface20
 ip address 192.168.2.253 255.255.255.0
#
interface FortyGigE1/0/53
 port link-mode bridge
#
interface FortyGigE1/0/54
 port link-mode bridge
#
interface GigabitEthernet1/0/1
 port link-mode bridge
 port link-type trunk
 port trunk permit vlan 1 10 20
 combo enable fiber
#
interface GigabitEthernet1/0/2
 port link-mode bridge
 port link-type trunk
 port trunk permit vlan 1 10 20
 combo enable fiber
```

（3）CS2 配置文件。

```
#
 version 7.1.075, Alpha 7571
#
 sysname CS2
#
 irf mac-address persistent timer
 irf auto-update enable
 undo irf link-delay
 irf member 1 priority 1
```

```
#
 lldp global enable
#
 system-working-mode standard
 xbar load-single
 password-recovery enable
 lpu-type f-series
#
vlan 1
#
vlan 10
#
vlan 20
#
stp region-configuration
 region-name h3c
 instance 1 vlan 10
 instance 2 vlan 20
 active region-configuration
#
 stp instance 1 root secondary
 stp instance 2 root primary
 stp global enable
#
dhcp server ip-pool 2
 gateway-list 192.168.2.254
 network 192.168.2.0 mask 255.255.255.0
#
interface NULL0
#
interface Vlan-interface10
 ip address 192.168.1.253 255.255.255.0
#
interface Vlan-interface20
 ip address 192.168.2.254 255.255.255.0
#
interface FortyGigE1/0/53
 port link-mode bridge
#
interface FortyGigE1/0/54
 port link-mode bridge
#
```

```
interface GigabitEthernet1/0/1
 port link-mode bridge
 port link-type trunk
 port trunk permit vlan 1 10 20
 combo enable fiber
#
interface GigabitEthernet1/0/2
 port link-mode bridge
 port link-type trunk
 port trunk permit vlan 1 10 20
 combo enable fiber
```

（四）故障排除步骤

（1）在 PC2 上 PING PC1 和 PING 网关，都无法 PING 通。在怀疑交换机故障前，先排除 PC 自身问题。点开 PC2 配置，发现 PC2 未从 DHCP 获取地址，只得到一个自动私有地址，如图 9-2 所示。

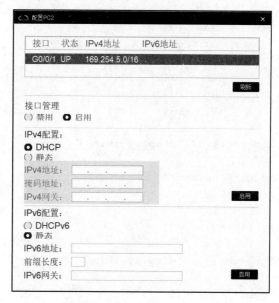

图 9-2　PC2 未获取 IP 地址

（2）既然未获取到 IP 地址，怀疑 PC2 与 DHCP 服务器之间的连通性问题，或者是 DHCP 服务器本身的问题。排查发现 AS 与 PC2，AS 与 DHCP 服务器之间的端口都处于 UP 状态，且没有被生成树阻塞。AS 连接 PC2 的接口正确的加

入了 VLAN 20，AS 与 CS2 之间相连的接口也正确的配置 Trunk 并允许 VLAN 20
通过。CS2 的 IP 地址配置也都正确，因此可以排除 PC2 与 DHCP 服务器之间连
通性的问题。

```
[AS]display interface brief
Brief information on interfaces in route mode:
Link: ADM - administratively down; Stby - standby
Protocol: (s) - spoofing
Interface          Link Protocol Primary IP      Description
InLoop0            UP       UP(s)     --
MGE0/0/0           DOWN     DOWN      --
NULL0              UP       UP(s)     --
REG0               UP       --        --

Brief information on interfaces in bridge mode:
Link: ADM - administratively down; Stby - standby
Speed: (a) - auto
Duplex: (a)/A - auto; H - half; F - full
Type: A - access; T - trunk; H - hybrid
Interface          Link Speed  Duplex  Type PVID Description
FGE1/0/53          DOWN 40G    A       A    1
FGE1/0/54          DOWN 40G    A       A    1
GE1/0/1            UP   1G(a)  F(a)    A    1
GE1/0/2            UP   1G(a)  F(a)    A    20
GE1/0/3            UP   1G(a)  F(a)    T    1
GE1/0/4            UP   1G(a)  F(a)    T    1

[AS-GigabitEthernet1/0/2]display this
#
interface GigabitEthernet1/0/2
 port link-mode bridge
 port access vlan 20
 combo enable fiber

[AS-GigabitEthernet1/0/4]display this
#
interface GigabitEthernet1/0/4
 port link-mode bridge
 port link-type trunk
 port trunk permit vlan 1 10 20
 combo enable fiber

[AS]display stp brief
```

```
MST ID   Port                          Role  STP State   Protection
0        GigabitEthernet1/0/1          DESI  FORWARDING  NONE
0        GigabitEthernet1/0/2          DESI  FORWARDING  NONE
0        GigabitEthernet1/0/3          ROOT  FORWARDING  NONE
0        GigabitEthernet1/0/4          ALTE  DISCARDING  NONE
2        GigabitEthernet1/0/2          DESI  FORWARDING  NONE
2        GigabitEthernet1/0/3          ALTE  DISCARDING  NONE
2        GigabitEthernet1/0/4          ROOT  FORWARDING  NONE
```

```
[CS2]display interface brief
Brief information on interfaces in route mode:
Link: ADM - administratively down; Stby - standby
Protocol: (s) - spoofing
Interface          Link  Protocol Primary IP       Description
InLoop0            UP    UP(s)    --
MGE0/0/0           DOWN  DOWN     --
NULL0              UP    UP(s)    --
REG0               UP    --       --
Vlan10             UP    UP       192.168.1.253
Vlan20             UP    UP       192.168.2.254

Brief information on interfaces in bridge mode:
Link: ADM - administratively down; Stby - standby
Speed: (a) - auto
Duplex: (a)/A - auto; H - half; F - full
Type: A - access; T - trunk; H - hybrid
Interface          Link Speed  Duplex Type PVID Description
FGE1/0/53          DOWN 40G       A    A    1
FGE1/0/54          DOWN 40G       A    A    1
GE1/0/1            UP   1G(a)    F(a)  T    1
GE1/0/2            UP   1G(a)    F(a)  T    1
```

```
[CS2-GigabitEthernet1/0/2]display this
#
interface GigabitEthernet1/0/2
 port link-mode bridge
 port link-type trunk
 port trunk permit vlan 1 10 20
 combo enable fiber
```

```
[CS2]display ip interface brief
*down: administratively down
(s): spoofing  (l): loopback
Interface              Physical Protocol IP Address       Description
```

```
MGE0/0/0                    down      down      --                    --
Vlan10                      up        up        192.168.1.253         --
Vlan20                      up        up        192.168.2.254         --
```

（3）再检查 CS2 上 DHCP 服务器的配置，发现 DHCP 虽然正确配置了地址池，但是 DHCP 服务未开启，导致 PC2 无法获取 IP 地址。

```
[CS2]display dhcp server pool
Pool name: 2
 Network: 192.168.2.0 mask 255.255.255.0
 expired day 1 hour 0 minute 0 second 0
 reserve expired-ip enable
 reserve expired-ip mode client-id time 4294967295 limit 256000
 gateway-list 192.168.2.254
```

```
[CS2]display current-configuration | include dhcp
//本命令的作用是在 display current-configuration 的结果中筛选含有 dhcp
的命令。没有发现有 dhcp enable 的命令说明并没有配置开启 DHCP 服务
dhcp server ip-pool 2
```

（4）在 CS2 上开启 DHCP 服务，重启 PC2 接口后，可以正确获得 IP 地址，如图 9-3 所示。

```
[CS2]dhcp enable
```

图 9-3　PC2 成功获得 IP 地址

（5）PC2 获取 IP 地址后，可以 PING 通自己的网关，也可以 PING 通 VLAN 10 的网关，但是无法 PING 通 PC1。VLAN 20 之前已经检查过连通性没有问题，因此问题一定出在 VLAN 10。

（6）检查 PC1 的 IP 地址，配置正确。在 PC1 上 PING 自己的网关，也无法 PING 通，怀疑是 PC1 与网关之间连通性的问题，或者是网关的配置问题。

（7）前面的步骤中，检查 AS 上的接口状态都为 UP，确认不是线路物理故障。再检查 AS 连接 PC1 的接口，发现未加入到 VLAN 10。

```
[AS-GigabitEthernet1/0/1]display this
#
interface GigabitEthernet1/0/1
 port link-mode bridge
 combo enable fiber
```

（8）进一步检查配置，发现 AS 上未创建 VLAN 10。

```
[AS]display vlan brief
Brief information about all VLANs:
Supported Minimum VLAN ID: 1
Supported Maximum VLAN ID: 4094
Default VLAN ID: 1
VLAN ID  Name                   Port
1        VLAN 0001               FGE1/0/53  FGE1/0/54  GE1/0/1
                                 GE1/0/3   GE1/0/4   GE1/0/5   GE1/0/6
                                 GE1/0/7   GE1/0/8   GE1/0/9   GE1/0/10
                                 GE1/0/11  GE1/0/12  GE1/0/13
                                 GE1/0/14  GE1/0/15  GE1/0/16
                                 GE1/0/17  GE1/0/18  GE1/0/19
                                 GE1/0/20  GE1/0/21  GE1/0/22
                                 GE1/0/23  GE1/0/24  GE1/0/25
                                 GE1/0/26  GE1/0/27  GE1/0/28
                                 GE1/0/29  GE1/0/30  GE1/0/31
                                 GE1/0/32  GE1/0/33  GE1/0/34
                                 GE1/0/35  GE1/0/36  GE1/0/37
                                 GE1/0/38  GE1/0/39  GE1/0/40
                                 GE1/0/41  GE1/0/42  GE1/0/43
                                 GE1/0/44  GE1/0/45  GE1/0/46
                                 GE1/0/47  GE1/0/48  XGE1/0/49
                                 XGE1/0/50  XGE1/0/51  XGE1/0/52
20       VLAN 0020               GE1/0/2   GE1/0/3   GE1/0/4
```

（9）在 AS 上创建 VLAN 10，并把连接 PC1 的接口加入 VLAN 10 后，PC1

可以正常 PING 通自己的网关，也可以 PING 通 PC2。

```
[AS]vlan 10
[AS-vlan10]port g1/0/1

<H3C>ping 192.168.1.254
Ping 192.168.1.254 (192.168.1.254): 56 data bytes, press CTRL_C to
break
56 bytes from 192.168.1.254: icmp_seq=0 ttl=255 time=0.356 ms
56 bytes from 192.168.1.254: icmp_seq=1 ttl=255 time=0.453 ms
56 bytes from 192.168.1.254: icmp_seq=2 ttl=255 time=0.679 ms
56 bytes from 192.168.1.254: icmp_seq=3 ttl=255 time=0.387 ms
56 bytes from 192.168.1.254: icmp_seq=4 ttl=255 time=0.497 ms

<H3C>ping 192.168.2.1
Ping 192.168.2.1 (192.168.2.1): 56 data bytes, press CTRL_C to break
56 bytes from 192.168.2.1: icmp_seq=0 ttl=254 time=1.773 ms
56 bytes from 192.168.2.1: icmp_seq=1 ttl=254 time=1.282 ms
56 bytes from 192.168.2.1: icmp_seq=2 ttl=254 time=1.249 ms
56 bytes from 192.168.2.1: icmp_seq=3 ttl=254 time=1.346 ms
56 bytes from 192.168.2.1: icmp_seq=4 ttl=254 time=1.408 ms
```

二、网络故障排除综合实验二

（一）实验拓扑

路由故障排除综合实验拓扑如图 9-4 所示。

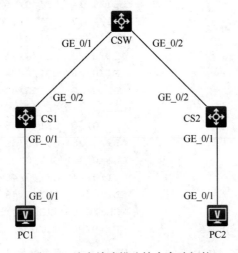

图 9-4　路由故障排除综合实验拓扑

（二）实验需求

（1）如图 9-4 所示，供电企业大楼内三层汇聚交换机与四层汇聚交换机分别下连楼层内 PC，上连核心交换机。

（2）3 层汇聚交换机 CS1 下连配电部的 PC，规划在 VLAN 10，IP 网段为 192.168.1.0/24。4 层汇聚交换机 CS2 下连营销部的 PC，规划在 VLAN 20，IP 网段为 192.168.2.0/24。详细 IP 地址配置见表 9-2。

（3）CS1 和 CS2 通过配置 VLAN-Interface 作为各自楼层内 PC 的网关。同时通过配置互连 VLAN-Interface 与 CSW 三层互连。

（4）本网络配置 OSPF 实现路由互通。所有设备规划在区域 0，使用 Loopback 地址作为 Router-id。业务网段中不能出现协议报文。

（5）要求配电部 PC 和营销部 PC 能够互通。

（6）排查出网络中存在的故障并解决。

表 9-2　交换机故障排除综合实验 IP 地址表

设备	接口	VLAN	IP 地址	网关地址	说明
PC1	/	10	192.168.1.1/24	192.168.1.254	配电部
PC2	/	20	192.168.2.1/24	192.168.2.254	营销部
CS1	VLAN 10	10	192.168.1.254/24	/	配电部网关
	VLAN 100	100	10.1.1.2/24	/	连接 CSW
	Loopback0	/	2.2.2.2/32	/	Router-id
CS2	VLAN 20	20	192.168.2.254/24	/	配电部
	VLAN 200	200	10.2.2.2/24	/	连接 CSW
	Loopback0	/	3.3.3.3/32	/	Router-id
CSW	VLAN100	100	10.1.1.1/24	/	连接 CS1
	VLAN200	200	10.2.2.1/24	/	连接 CS2
	Loopback0	/	1.1.1.1/32	/	Router-id

（三）故障环境配置

按照设备名称复制各设备配置文件并在对应设备的命令行系统视图粘贴，从而还原本题的故障环境。PC 的 IP 地址配置请自行配置。

（1）CS1 配置文件。

```
#
 version 7.1.075, Alpha 7571
#
```

```
 sysname CS1
#
 irf mac-address persistent timer
 irf auto-update enable
 undo irf link-delay
 irf member 1 priority 1
#
ospf 1 router-id 1.1.1.1
 area 0.0.0.0
  network 2.2.2.2 0.0.0.0
  network 10.1.1.0 0.0.0.255
  network 192.168.1.0 0.0.0.255
#
 lldp global enable
#
 system-working-mode standard
 xbar load-single
 password-recovery enable
 lpu-type f-series
#
vlan 1
#
vlan 10
#
vlan 100
#
 stp global enable
#
interface NULL0
#
interface LoopBack0
 ip address 2.2.2.2 255.255.255.255
#
interface Vlan-interface10
 ip address 192.168.1.254 255.255.255.0
#
interface Vlan-interface100
 ip address 10.1.1.2 255.255.255.0
#
interface FortyGigE1/0/53
 port link-mode bridge
```

```
#
interface FortyGigE1/0/54
 port link-mode bridge
#
interface GigabitEthernet1/0/1
 port link-mode bridge
 port access vlan 10
 combo enable fiber
#
interface GigabitEthernet1/0/2
 port link-mode bridge
 port access vlan 100
 combo enable fiber
```

（2）CS2 配置文件。

```
#
 version 7.1.075, Alpha 7571
#
 sysname CS2
#
 irf mac-address persistent timer
 irf auto-update enable
 undo irf link-delay
 irf member 1 priority 1
#
ospf 1 router-id 3.3.3.3
 area 0.0.0.0
  network 3.3.3.3 0.0.0.0
  network 10.2.2.0 0.0.0.255
  network 192.186.2.0 0.0.0.255
#
 lldp global enable
#
 system-working-mode standard
 xbar load-single
 password-recovery enable
 lpu-type f-series
#
vlan 1
#
vlan 20
#
```

```
vlan 200
#
 stp global enable
#
interface NULL0
#
interface LoopBack0
 ip address 3.3.3.3 255.255.255.255
#
interface Vlan-interface20
 ip address 192.168.2.254 255.255.255.0
#
interface Vlan-interface200
 ip address 10.2.2.2 255.255.255.0
#
interface FortyGigE1/0/53
 port link-mode bridge
#
interface FortyGigE1/0/54
 port link-mode bridge
#
interface GigabitEthernet1/0/1
 port link-mode bridge
 port access vlan 20
 combo enable fiber
#
interface GigabitEthernet1/0/2
 port link-mode bridge
 port access vlan 200
 combo enable fiber
```

（3）CSW 配置文件。

```
#
 version 7.1.075, Alpha 7571
#
 sysname CSW
#
 irf mac-address persistent timer
 irf auto-update enable
 undo irf link-delay
 irf member 1 priority 1
```

```
#
ospf 1 router-id 1.1.1.1
 area 0.0.0.0
  network 1.1.1.1 0.0.0.0
  network 10.1.1.0 0.0.0.255
  network 10.2.2.0 0.0.0.255
#
 lldp global enable
#
 system-working-mode standard
 xbar load-single
 password-recovery enable
 lpu-type f-series
#
vlan 1
#
vlan 100
#
vlan 200
#
 stp global enable
#
interface NULL0
#
interface LoopBack0
 ip address 1.1.1.1 255.255.255.255
#
interface Vlan-interface100
 ip address 10.1.1.1 255.255.255.0
#
interface Vlan-interface200
 ip address 10.2.2.1 255.255.255.0
#
interface FortyGigE1/0/53
 port link-mode bridge
#
interface FortyGigE1/0/54
 port link-mode bridge
#
interface GigabitEthernet1/0/1
 port link-mode bridge
 port access vlan 100
```

```
combo enable fiber
#
interface GigabitEthernet1/0/2
 port link-mode bridge
 port access vlan 200
 combo enable fiber
```

（四）故障排除步骤

（1）在 PC1 上 PING PC2，无法 PING 通。首先检查 PC 本身 IP 地址配置，确认没有问题后再检查 PC1 到 PC2 间的线路物理上也没有问题。再检查 CS1，CSW，CS2 之间的 VLAN 配置，也没有问题。

（2）物理层和数据链路层都没问题，故障的原因就缩小到网络层以上了。先检查各设备 IP 地址配置情况，确认没有问题。

```
[CS1]display ip interface brief
*down: administratively down
(s): spoofing  (l): loopback
Interface          Physical Protocol IP Address      Description
Loop0                up      up(s)    2.2.2.2          --
MGE0/0/0             down    down     --               --
Vlan10               up      up       192.168.1.254    --
Vlan100              up      up       10.1.1.2         --


[CS2]display ip interface brief
*down: administratively down
(s): spoofing  (l): loopback
Interface          Physical Protocol IP Address      Description
Loop0                up      up(s)    3.3.3.3          --
MGE0/0/0             down    down     --               --
Vlan20               up      up       192.168.2.254    --
Vlan200              up      up       10.2.2.2         --


[CSW]display ip interface brief
*down: administratively down
(s): spoofing  (l): loopback
Interface          Physical Protocol IP Address      Description
Loop0                up      up(s)    1.1.1.1          --
MGE0/0/0             down    down     --               --
Vlan100              up      up       10.1.1.1         --
Vlan200              up      up       10.2.2.1         --
```

（3）IP 地址的配置没有问题，那么问题可能出现在路由上了。检查 CS1 的路由表，发现没有学习到任何 OSPF 的路由。

```
[CS1]display ip routing-table

Destinations : 17      Routes : 17

Destination/Mask     Proto    Pre Cost     NextHop          Interface
0.0.0.0/32           Direct   0   0        127.0.0.1        InLoop0
2.2.2.2/32           Direct   0   0        127.0.0.1        InLoop0
10.1.1.0/24          Direct   0   0        10.1.1.2         Vlan100
10.1.1.0/32          Direct   0   0        10.1.1.2         Vlan100
10.1.1.2/32          Direct   0   0        127.0.0.1        InLoop0
10.1.1.255/32        Direct   0   0        10.1.1.2         Vlan100
127.0.0.0/8          Direct   0   0        127.0.0.1        InLoop0
127.0.0.0/32         Direct   0   0        127.0.0.1        InLoop0
127.0.0.1/32         Direct   0   0        127.0.0.1        InLoop0
127.255.255.255/32   Direct   0   0        127.0.0.1        InLoop0
192.168.1.0/24       Direct   0   0        192.168.1.254    Vlan10
192.168.1.0/32       Direct   0   0        192.168.1.254    Vlan10
192.168.1.254/32     Direct   0   0        127.0.0.1        InLoop0
192.168.1.255/32     Direct   0   0        192.168.1.254    Vlan10
224.0.0.0/4          Direct   0   0        0.0.0.0          NULL0
224.0.0.0/24         Direct   0   0        0.0.0.0          NULL0
255.255.255.255/32   Direct   0   0        127.0.0.1        InLoop0
```

（4）由于全网使用 OSPF 学习路由，检查 CS1 的 OSPF 邻居表，发现没有邻居关系。

```
[CS1]display ospf peer
[CS1]
```

（5）检查 CS1 的 OSPF 配置，发现配置错误 Router-id，与 CSW 的 Router-id 冲突，导致无法建立邻居。

```
[CS1-ospf-1]display this
#
ospf 1 router-id 1.1.1.1
 area 0.0.0.0
  network 2.2.2.2 0.0.0.0
  network 10.1.1.0 0.0.0.255
  network 192.168.1.0 0.0.0.255
```

```
[CSW-ospf-1]display this
#
ospf 1 router-id 1.1.1.1
 area 0.0.0.0
  network 1.1.1.1 0.0.0.0
  network 10.1.1.0 0.0.0.255
  network 10.2.2.0 0.0.0.255
```

（6）修改 CS1 的 Router-id 为交换机自身 Loopback0 口地址，并在用户视图重置 OSPF 进程使新的 Router-id 生效。之后邻居可以正常建立。

```
[CS1]ospf router-id 2.2.2.2
[CS1-ospf-1]return
<CS1>reset ospf process              //重置 OSPF 进程，相当于重启 OSPF 协议
Reset OSPF process? [Y/N]:y

[CS1]display ospf peer

        OSPF Process 1 with Router ID 2.2.2.2
              Neighbor Brief Information

 Area: 0.0.0.0
 Router ID      Address      Pri Dead-Time  State        Interface
 1.1.1.1        10.1.1.1      1   31         Full/DR      Vlan100
```

（7）CS1 与 CSW 的邻居建立成功后，再次查看 CS1 的路由表，发现没有学习到 192.168.2.0/24 网段的路由。

```
[CS1]display ip routing-table

Destinations : 20       Routes : 20

Destination/Mask    Proto    Pre Cost    NextHop        Interface
0.0.0.0/32          Direct   0   0       127.0.0.1      InLoop0
1.1.1.1/32          O_INTRA  10  1       10.1.1.1       Vlan100
2.2.2.2/32          Direct   0   0       127.0.0.1      InLoop0
3.3.3.3/32          O_INTRA  10  2       10.1.1.1       Vlan100
10.1.1.0/24         Direct   0   0       10.1.1.2       Vlan100
10.1.1.0/32         Direct   0   0       10.1.1.2       Vlan100
10.1.1.2/32         Direct   0   0       127.0.0.1      InLoop0
10.1.1.255/32       Direct   0   0       10.1.1.2       Vlan100
10.2.2.0/24         O_INTRA  10  2       10.1.1.1       Vlan100
127.0.0.0/8         Direct   0   0       127.0.0.1      InLoop0
```

```
127.0.0.0/32           Direct  0   0    127.0.0.1        InLoop0
127.0.0.1/32           Direct  0   0    127.0.0.1        InLoop0
127.255.255.255/32     Direct  0   0    127.0.0.1        InLoop0
192.168.1.0/24         Direct  0   0    192.168.1.254    Vlan10
192.168.1.0/32         Direct  0   0    192.168.1.254    Vlan10
192.168.1.254/32       Direct  0   0    127.0.0.1        InLoop0
192.168.1.255/32       Direct  0   0    192.168.1.254    Vlan10
224.0.0.0/4            Direct  0   0    0.0.0.0          NULL0
224.0.0.0/24           Direct  0   0    0.0.0.0          NULL0
255.255.255.255/32     Direct  0   0    127.0.0.1        InLoop0
```

（8）之前已经排除了 CSW 与 CS2 之间的线路物理问题和 VLAN 配置问题，因此怀疑是 CS2 与 CSW 之间的路由问题。检查 CS2 与 CSW 的 OSPF 邻居关系，正常建立。

```
[CS2]display ospf peer

          OSPF Process 1 with Router ID 3.3.3.3
              Neighbor Brief Information

 Area: 0.0.0.0
 Router ID       Address      Pri Dead-Time State          Interface
 1.1.1.1         10.2.2.1     1   32        Full/BDR       Vlan200
```

（9）检查 CS2 的 OSPF 配置，发现把营销部的网段错误的宣告为了 192.186.2.0。

```
[CS2-ospf-1]display this
#
ospf 1 router-id 3.3.3.3
 area 0.0.0.0
  network 3.3.3.3 0.0.0.0
  network 10.2.2.0 0.0.0.255
  network 192.186.2.0 0.0.0.255
```

（10）在 CS2 上取消错误的宣告，重新配置正确的宣告后，CS1 能够学习到 192.168.2.0/24 网段的路由了，PC1 与 PC2 也可以互相通 PING，故障解决。

```
[CS2]ospf
[CS2-ospf-1]area 0
[CS2-ospf-1-area-0.0.0.0]undo network 192.186.2.0 0.0.0.255
[CS2-ospf-1-area-0.0.0.0]network 192.168.2.0 0.0.0.255

[CS1]display ip routing-table
```

```
Destinations : 21      Routes : 21

Destination/Mask       Proto    Pre Cost    NextHop          Interface
0.0.0.0/32             Direct   0   0       127.0.0.1        InLoop0
1.1.1.1/32             O_INTRA  10  1       10.1.1.1         Vlan100
2.2.2.2/32             Direct   0   0       127.0.0.1        InLoop0
3.3.3.3/32             O_INTRA  10  2       10.1.1.1         Vlan100
10.1.1.0/24            Direct   0   0       10.1.1.2         Vlan100
10.1.1.0/32            Direct   0   0       10.1.1.2         Vlan100
10.1.1.2/32            Direct   0   0       127.0.0.1        InLoop0
10.1.1.255/32          Direct   0   0       10.1.1.2         Vlan100
10.2.2.0/24            O_INTRA  10  2       10.1.1.1         Vlan100
127.0.0.0/8            Direct   0   0       127.0.0.1        InLoop0
127.0.0.0/32           Direct   0   0       127.0.0.1        InLoop0
127.0.0.1/32           Direct   0   0       127.0.0.1        InLoop0
127.255.255.255/32     Direct   0   0       127.0.0.1        InLoop0
192.168.1.0/24         Direct   0   0       192.168.1.254    Vlan10
192.168.1.0/32         Direct   0   0       192.168.1.254    Vlan10
192.168.1.254/32       Direct   0   0       127.0.0.1        InLoop0
192.168.1.255/32       Direct   0   0       192.168.1.254    Vlan10
192.168.2.0/24         O_INTRA  10  3       10.1.1.1         Vlan100
224.0.0.0/4            Direct   0   0       0.0.0.0          NULL0
224.0.0.0/24           Direct   0   0       0.0.0.0          NULL0
255.255.255.255/32     Direct   0   0       127.0.0.1        InLoop0
```

```
<H3C>ping 192.168.2.1
Ping 192.168.2.1 (192.168.2.1): 56 data bytes, press CTRL_C to break
56 bytes from 192.168.2.1: icmp_seq=0 ttl=252 time=1.070 ms
56 bytes from 192.168.2.1: icmp_seq=1 ttl=252 time=1.063 ms
56 bytes from 192.168.2.1: icmp_seq=2 ttl=252 time=1.335 ms
56 bytes from 192.168.2.1: icmp_seq=3 ttl=252 time=1.207 ms
56 bytes from 192.168.2.1: icmp_seq=4 ttl=252 time=1.048 ms
```

（11）在上面排错的过程中，可以发现 CS1 和 CS2 上并没有配置业务接口为静默接口。项目要求业务网段不能出现协议报文。所以这里需要在 CS1 和 CS2 上配置静默接口。

```
[CS1]ospf
[CS1-ospf-1]silent-interface Vlan-interface 10

[CS2]ospf
[CS2-ospf-1]silent-interface Vlan-interface 20
```

三、网络故障排除综合实验三

（一）实验拓扑

互联网接入故障排除综合实验拓扑如图 9-5 所示。

（二）实验需求

（1）如图 9-5 所示，电网公司大楼内核心交换机分别下连楼层内配电部 PC 与服务器，上连出口路由器接入互联网。服务器使用路由器模拟。

（2）配电部规划在 VLAN 10，IP 网段为 192.168.1.0/24。服务器规划在 VLAN 20，IP 网段为 192.168.2.0/24。详细 IP 地址配置见表 9-3。

（3）CSW 通过配置 VLAN-Interface 作为各自楼层内 PC 的网关。同时通过配置互连 VLAN-Interface 与 R1 三层互连。

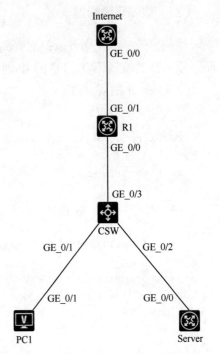

图 9-5　互联网接入故障排除综合实验拓扑

表 9-3　互联网接入故障排除综合实验 IP 地址表

设备	接口	VLAN	IP 地址	网关地址	说明
PC1	/	10	192.168.1.1/24	192.168.1.254	配电部
Server	/	20	192.168.2.1/24	192.168.2.254	服务器
CSW	VLAN 10	10	192.168.1.254/24	/	配电部网关
	VLAN 20	20	192.168.2.254/24	/	服务器网关
	VLAN 100	100	10.1.1.2/24	/	连接 R1
R1	G0/0	/	10.1.1.1/24	/	连接 CSW
	G0/1	/	100.1.1.1/24	/	连接互联网
Internet	G0/0	/	100.1.1.2/24	/	连接 R1
	Loopback0	/	202.112.1.1/32	/	模拟互联网地址

（4）本网络配置静态路由实现内网互通。R1 上配置 Easy IP 实现访问互联网。

（5）R1 上配置 NAT Server，实现互联网上的用户可以访问 Server 的 Telnet 服务。

（6）排查出网络中存在的故障并解决。

（三）故障环境配置

按照设备名称复制各设备配置文件并在对应设备的命令行系统视图粘贴，从而还原本题的故障环境。PC 的 IP 地址配置请自行配置。

（1）Server 配置文件。

```
#
 version 7.1.064, Release 0427P22
#
 sysname Server
#
 telnet server enable
#
 system-working-mode standard
 xbar load-single
 password-recovery enable
 lpu-type f-series
#
vlan 1
#
interface Serial1/0
#
interface Serial2/0
#
interface Serial3/0
#
interface Serial4/0
#
interface NULL0
#
interface GigabitEthernet0/0
 port link-mode route
 combo enable copper
 ip address 192.168.2.1 255.255.255.0
#
line vty 0 63
 authentication-mode scheme
#
 ip route-static 0.0.0.0 0 192.168.2.254
#
```

（2）CSW 配置文件。

```
#
 version 7.1.075, Alpha 7571
#
 sysname CSW
#
 irf mac-address persistent timer
 irf auto-update enable
 undo irf link-delay
 irf member 1 priority 1
#
 lldp global enable
#
 system-working-mode standard
 xbar load-single
 password-recovery enable
 lpu-type f-series
#
vlan 1
#
vlan 10
#
vlan 20
#
vlan 100
#
 stp global enable
#
interface NULL0
#
interface Vlan-interface10
 ip address 192.168.1.254 255.255.255.0
#
interface Vlan-interface20
 ip address 192.168.2.254 255.255.255.0
#
interface Vlan-interface100
 ip address 10.1.1.2 255.255.255.0
#
interface FortyGigE1/0/53
 port link-mode bridge
```

```
#
interface FortyGigE1/0/54
 port link-mode bridge
#
interface GigabitEthernet1/0/1
 port link-mode bridge
 port access vlan 10
 combo enable fiber
#
interface GigabitEthernet1/0/2
 port link-mode bridge
 port access vlan 20
 combo enable fiber
#
interface GigabitEthernet1/0/3
 port link-mode bridge
 port access vlan 100
 combo enable fiber
#
ip route-static 0.0.0.0 0 10.1.1.1
```

（3）R1 配置文件。

```
#
 version 7.1.064, Release 0427P22
#
 sysname R1
#
 system-working-mode standard
 xbar load-single
 password-recovery enable
 lpu-type f-series
#
vlan 1
#
interface Serial1/0
#
interface Serial2/0
#
interface Serial3/0
#
interface Serial4/0
```

```
#
interface NULL0
#
interface GigabitEthernet0/0
 port link-mode route
 combo enable copper
 ip address 10.1.1.1 255.255.255.0
#
interface GigabitEthernet0/1
 port link-mode route
 combo enable copper
 ip address 100.1.1.1 255.255.255.0
 nat outbound 2000
 nat server protocol udp global 100.1.1.1 23 inside 192.168.2.1 23
#
interface GigabitEthernet0/2
 port link-mode route
 combo enable copper
#
interface GigabitEthernet5/0
 port link-mode route
 combo enable copper
#
interface GigabitEthernet5/1
 port link-mode route
 combo enable copper
#
interface GigabitEthernet6/0
 port link-mode route
 combo enable copper
#
interface GigabitEthernet6/1
 port link-mode route
 combo enable copper
#
 scheduler logfile size 16
#
line class aux
 user-role network-operator
#
line class console
 user-role network-admin
```

```
#
line class tty
 user-role network-operator
#
line class vty
 user-role network-operator
#
line aux 0
 user-role network-operator
#
line con 0
 user-role network-admin
#
line vty 0 63
 user-role network-operator
#
 ip route-static 0.0.0.0 0 100.1.1.2
 ip route-static 192.168.2.0 24 10.1.1.2
#
acl basic 2000
 rule 5 permit source 192.168.2.0 0.0.0.255
```

（4）Internet 配置文件。

```
#
 version 7.1.064, Release 0427P22
#
 sysname Internet
#
 system-working-mode standard
 xbar load-single
 password-recovery enable
 lpu-type f-series
#
vlan 1
#
interface Serial1/0
#
interface Serial2/0
#
interface Serial3/0
#
interface Serial4/0
```

```
#
interface NULL0
#
interface LoopBack0
 ip address 202.112.1.1 255.255.255.255
#
interface GigabitEthernet0/0
 port link-mode route
 combo enable copper
 ip address 100.1.1.2 255.255.255.0
```

（四）故障排除步骤

（1）在 PC1 上无法 PING 通 202.112.1.1，说明 PC1 无法上网。首先检查 PC1 自身 IP 地址配置，确认无误。再使用分段法，在 PC1 上 PING 自己的网关，可以 PING 通，再 PING R1 的内网接口地址 10.1.1.1，无法 PING 通，说明问题出在网关 CSW 到 R1 之间。

（2）检查 CSW 和 R1 之间的 VLAN 和 IP 地址配置，都没有发现问题，说明问题应该出在路由上。检查 CSW 的路由表，有默认路由下一跳指向 R1，没有问题。检查 R1 的路由表，发现没有到达 192.168.1.0/24 网段的回包路由，问题找到了。

```
[CSW]display ip routing-table

Destinations : 21      Routes : 21

Destination/Mask     Proto   Pre Cost    NextHop          Interface
0.0.0.0/0            Static  60  0       10.1.1.1         Vlan100
0.0.0.0/32           Direct  0   0       127.0.0.1        InLoop0
10.1.1.0/24          Direct  0   0       10.1.1.2         Vlan100
10.1.1.0/32          Direct  0   0       10.1.1.2         Vlan100
10.1.1.2/32          Direct  0   0       127.0.0.1        InLoop0
10.1.1.255/32        Direct  0   0       10.1.1.2         Vlan100
127.0.0.0/8          Direct  0   0       127.0.0.1        InLoop0
127.0.0.0/32         Direct  0   0       127.0.0.1        InLoop0
127.0.0.1/32         Direct  0   0       127.0.0.1        InLoop0
127.255.255.255/32   Direct  0   0       127.0.0.1        InLoop0
192.168.1.0/24       Direct  0   0       192.168.1.254    Vlan10
192.168.1.0/32       Direct  0   0       192.168.1.254    Vlan10
192.168.1.254/32     Direct  0   0       127.0.0.1        InLoop0
```

```
192.168.1.255/32    Direct  0   0       192.168.1.254   Vlan10
192.168.2.0/24      Direct  0   0       192.168.2.254   Vlan20
192.168.2.0/32      Direct  0   0       192.168.2.254   Vlan20
192.168.2.254/32    Direct  0   0       127.0.0.1       InLoop0
192.168.2.255/32    Direct  0   0       192.168.2.254   Vlan20
224.0.0.0/4         Direct  0   0       0.0.0.0         NULL0
224.0.0.0/24        Direct  0   0       0.0.0.0         NULL0
255.255.255.255/32  Direct  0   0       127.0.0.1       InLoop0
```

[R1]**display ip routing-table**

```
Destinations : 15       Routes : 15

Destination/Mask       Proto   Pre Cost    NextHop         Interface
0.0.0.0/0              Static  60  0       100.1.1.2       GE0/1
0.0.0.0/32             Direct  0   0       127.0.0.1       InLoop0
10.1.1.0/24            Direct  0   0       10.1.1.1        GE0/0
10.1.1.1/32            Direct  0   0       127.0.0.1       InLoop0
10.1.1.255/32          Direct  0   0       10.1.1.1        GE0/0
100.1.1.0/24           Direct  0   0       100.1.1.1       GE0/1
100.1.1.1/32           Direct  0   0       127.0.0.1       InLoop0
100.1.1.255/32         Direct  0   0       100.1.1.1       GE0/1
127.0.0.0/8            Direct  0   0       127.0.0.1       InLoop0
127.0.0.1/32           Direct  0   0       127.0.0.1       InLoop0
127.255.255.255/32     Direct  0   0       127.0.0.1       InLoop0
192.168.2.0/24         Static  60  0       10.1.1.2        GE0/0
224.0.0.0/4            Direct  0   0       0.0.0.0         NULL0
224.0.0.0/24           Direct  0   0       0.0.0.0         NULL0
255.255.255.255/32     Direct  0   0       127.0.0.1       InLoop0
```

（3）在 R1 上配置到达 192.168.1.0/24 网段的路由，下一跳指向 CSW。之后再 PING 10.1.1.1，可以 PING 通。但是仍然 PING 不通互联网地址，说明互联网的接入还有问题。

[R1]**ip route-static 192.168.1.0 24 10.1.1.2**

```
<H3C>ping 10.1.1.1
Ping 10.1.1.1 (10.1.1.1): 56 data bytes, press CTRL_C to break
56 bytes from 10.1.1.1: icmp_seq=0 ttl=254 time=0.553 ms
56 bytes from 10.1.1.1: icmp_seq=1 ttl=254 time=0.421 ms
56 bytes from 10.1.1.1: icmp_seq=2 ttl=254 time=0.523 ms
56 bytes from 10.1.1.1: icmp_seq=3 ttl=254 time=0.562 ms
```

```
56 bytes from 10.1.1.1: icmp_seq=4 ttl=254 time=0.529 ms
```

```
<H3C>ping 202.112.1.1
Ping 202.112.1.1 (202.112.1.1): 56 data bytes, press CTRL_C to break
Request time out
Request time out
Request time out
Request time out
Request time out
```

（4）在 R1 上查看 NAT 的配置，发现 Easy IP 调用了 ACL 2000。进一步检查 ACL 2000 的配置，发现并没有允许 192.168.1.0/24 网段，问题找到了。

```
[R1]interface g0/1
[R1-GigabitEthernet0/1]display this
#
interface GigabitEthernet0/1
 port link-mode route
 combo enable copper
 ip address 100.1.1.1 255.255.255.0
 nat outbound 2000
 nat server protocol udp global 100.1.1.1 23 inside 192.168.2.1 23
#
return
```

```
[R1-GigabitEthernet0/1]display acl 2000
Basic IPv4 ACL 2000, 1 rule,
ACL's step is 5
 rule 5 permit source 192.168.2.0 0.0.0.255 (2 times matched)
```

（5）在 ACL 2000 中，新增规则匹配源地址 192.168.1.0/24 网段。之后再用 PC1 PING 互联网，可以 PING 通，故障解决。

```
[R1]acl basic 2000
[R1-acl-ipv4-basic-2000]rule permit source 192.168.1.0 0.0.0.255
```

```
<H3C>ping 202.112.1.1
Ping 202.112.1.1 (202.112.1.1): 56 data bytes, press CTRL_C to break
56 bytes from 202.112.1.1: icmp_seq=0 ttl=253 time=0.842 ms
56 bytes from 202.112.1.1: icmp_seq=1 ttl=253 time=0.795 ms
56 bytes from 202.112.1.1: icmp_seq=2 ttl=253 time=0.782 ms
56 bytes from 202.112.1.1: icmp_seq=3 ttl=253 time=0.802 ms
56 bytes from 202.112.1.1: icmp_seq=4 ttl=253 time=0.692 ms
```

（6）在 Internet 上发现无法通过公网地址访问 Server 的 Telnet 服务。首先检查连通性的问题，在 Server 上 PING 互联网地址，可以 PING 通，说明线路和路由都没有问题，问题可能出在 NAT Server 的配置上。

```
<Internet>telnet 100.1.1.1
Trying 100.1.1.1 ...
Press CTRL+K to abort
Connected to 100.1.1.1 ...
Failed to connect to the remote host!

<Server>ping 202.112.1.1
Ping 202.112.1.1 (202.112.1.1): 56 data bytes, press CTRL+C to break
56 bytes from 202.112.1.1: icmp_seq=0 ttl=253 time=0.821 ms
56 bytes from 202.112.1.1: icmp_seq=1 ttl=253 time=0.777 ms
56 bytes from 202.112.1.1: icmp_seq=2 ttl=253 time=0.827 ms
56 bytes from 202.112.1.1: icmp_seq=3 ttl=253 time=0.825 ms
56 bytes from 202.112.1.1: icmp_seq=4 ttl=253 time=0.752 ms
```

（7）在 R1 上检查 NAT Server 的配置，发现错误的映射了 UDP 23 端口。Telnet 服务是基于 TCP 的，无法通过 UDP 来访问。

```
[R1]interface g0/1
[R1-GigabitEthernet0/1]display this
#
interface GigabitEthernet0/1
 port link-mode route
 combo enable copper
 ip address 100.1.1.1 255.255.255.0
 nat outbound 2000
 nat server protocol udp global 100.1.1.1 23 inside 192.168.2.1 23
#
Return
```

（8）在 R1 上取消错误的 NAT Server 映射，重新映射 TCP 23 端口。之后在 Internet 上可以访问 Server 的 Telnet 服务。

```
[R1]interface g0/1
[R1-GigabitEthernet0/1]undo nat server protocol udp global 100.1.1.1 23
[R1-GigabitEthernet0/1]nat server protocol tcp global 100.1.1.1 23
inside 192.168.2.1 23


<Internet>telnet 100.1.1.1
```

```
Trying 100.1.1.1 ...
Press CTRL+K to abort
Connected to 100.1.1.1 ...

*****************************************************************
***************
* Copyright (c) 2004-2021 New H3C Technologies Co., Ltd. All rights
reserved.*
* Without the owner's prior written consent,                    *
* no decompiling or reverse-engineering shall be allowed.        *
*****************************************************************
***************

Login:
```